パーマカルチャー事始め

臼井健二　臼井朋子

PermaCulture

創森社

シャンティクティの表札

Perma Culture

心地よい暮らしへのシフト～序に代えて～

こんにちは。「ゲストハウスシャンティクティ」の主、臼井健二です。最近は、みんなから健二ならぬ健爺（Kenjii）と呼ばれています。

根っからの山男だった私が、山小屋の管理人を経て、仲間たちと安曇野《あずみの》でセルフビルド（自分たちで建てること）の宿をつくりはじめたのは、1977年のこと。「大工一人にバカ8人」で、とりかかりました。本物の大工さんが指示をして、材木を運んだり、片づけたりは自分たちでやる。そんなやり方で、3年間ぐらいかけて完成しました。

そうして生まれたのが、長野県安曇野市穂高の「舎爐夢《しゃろむ》ヒュッテ」です。自然農、シュタイナー教育、マクロビオティック、地域通貨、共同体、フェアトレード、パーマカルチャー……いろいろな活動を、35年ぐらいやってきました。おかげさまで、たくさんの人に来ていただきました。

＊

そんな私たち夫婦が、拠点を長野県北安曇郡池田町に移し、ゲストハウスを始めたのは、10年前の2005年。そこは北アルプスの眺めと、田園風景の美しい山麓の森の中。ネパール語で、「平和の家」を意味する「シャンティクティ」と名づけました。

静かな森の中で、シンプルな豊かさを味わっていただきたいと思っています。食事は畑の野菜や地域の食材を生かしたアジアの菜食家庭料理です。持続可能な自然農やパーマカルチャーの要素を取り入れて、建物や畑、周辺環境の整備を進めています。

朝は、要望に応じて、宿の周辺を案内しながら、パーマカルチャー実践の具体例を紹介するエコツアーも実施しています。友だちの家に遊びにくるような感覚で来ていただき、私たちの暮らしを感じて欲しいと思っています。

ニホンミツバチを飼育

シャンティクティでは、毎年パーマカルチャーの講座を開いたり、田んぼの学校を開いたり、「心地よい暮らし」について学んだり。いろいろな人がやってきて、いい出会いがあって、そこから逆にいろいろなことを学ばせていただきながら、一年を過ごしています。

私たちは、もう孫がいる世代なので、なるべく自然の摂理にかなった暮らしができればいいなあと思っているのですが、なかなかそこまで到達できないのが現状です。

でも、それでいいんじゃないか。100%達成できなくても、本当は60点でいいんじゃないか。60点が二つ集まれば、120点になる。100点満点を目ざして、ほどほどでいい。人間は欠けているからこそつながれるわけで、それぞれに欠けている部分があるから、それを補い合うために、いろいろな役割が生まれるわけです。

物事を細分化して、一つのことに秀でていたとしても、ほかのことは一切できなくなってしまいます。それをつなぐものがお金だと思うのです。だからといって、お金にひれ伏すのではなくて、食べ物を少しつくりつつ、できたものを分かち合い、暮らしが成り立っていければ、本当にありがたいなと思っています。

おかげさまで、毎年、毎年、いろいろな人との出会いがあります。それが宿をやっていて一番ありがたいことです。自分からどこかへ出かけていかなければ人に会えないのに、みんなここへお土産を持ってきてくれて、宿泊費までいただける。もしかすると、これでいいのか？　と思ったりすることもありますが、とにかく日々感謝しながら暮らしています。

＊

毎年、自分自身の中でブームがあるのですが、ここ数年はニホンミツバチの飼育にはまっています。ニホンミツバチが安全に暮らせる環境になればと思い、毎年巣箱を設置しているのですが、なかなかうまくいきません。原因は、ネオニコチノイド系の農薬にあるのだと思います。

らせん状のスパイラルガーデン

私たちは農薬や化学肥料によって、非常にたくさんの恩恵を受けているのも事実です。けれど、それは短期間の恩恵ではないでしょうか。もっと長期的に時間軸を伸ばして考えてみると、同じ土地でレタスばかりつくっていると、大地がカチンカチンになってしまう。だけど本当は、草だって虫だってみんな役割があって。私たちのように、どこか欠けてる人間も、ちゃんと役割があって。本当はそういう人たちがつながりあって、お互いが生かされ合う。そんな関係性を築いていけたら……。「草や虫も敵ではない」という自然農の思想は、そんな考え方にもとづいているのです。

さて一つの例ですが、日本には全自動で用が足せるすばらしいトイレがあります。それこそ世界に誇れるような。でも、その便利さの中で、どれだけのムダなエネルギーが使われているのか。利便性を追究するあまり、全体の豊かさを失っているんじゃないか、という気がします。

「もっともっと」(MORE MORE)という生き方よりも、古来の「足るを知る」という考え方があります。「我《われ》只《ただ》足《たる》を知《し》る」。つまり「モアモア教」から「タルタル教」に信心を移して、暮らしていければいいなあと思いつつ、日々を過ごしているわけです。

*

なにか追究していくときは、どうしても一つの方向へ向かいがちです。でも、つねに全体を見る目を持ちつつ、自分の至らないところは、ともに知る人たちと、いろいろなことを分かち合いつつ、一つのことをみんなでできればいい。いつもそんな思いで、いろいろなワークショップを開いています。

シャンティクティには、田舎に暮らす人はもちろん、都会にいても、今日から始められる、パーマカルチャーのヒントが、至るところにちりばめられています。知識や経験がなくても大丈夫。一度、お訪ねください。

２０１５年　立秋　　臼井　健二

パーマカルチャー事始め Perma Culture もくじ

ベランダに取りつけたランプ

ネギ坊主などを乾燥（ガーデンハウス）

◆シャンティクティ全体図

注：自然農の田んぼは1・5kmほど離れた場所にある

◆主な参考文献

『パーマカルチャー～農的暮らしの永久デザイン～』ビル・モリソンほか著、田口恒夫・小祝慶子訳（農文協）
『育ててあそぼう 18　アイの絵本』日下部信幸編、仁科幸子絵（農文協）
『パーマカルチャーしよう！～愉しく心地よい暮らしのつくり方～』安曇野パーマカルチャー塾編（自然食通信社）
『自然農の野菜づくり』川口由一監修、高橋浩昭著（創森社）
『楽健法経つき定本版　二人ヨーガ楽健法』山内宥厳著（五月書房）
『パーマカルチャー～自給自立の農的暮らしに～』パーマカルチャー・センター・ジャパン編（創森社）
『種から種へつなぐ』西川芳昭編（創森社）

序章

PermaCulture
パーマカルチャーへのいざない

ルーフトップガーデンでハーブなどを摘む

パーマカルチャーの目的と要素

パーマカルチャー（Permaculture）という言葉は、パーマネント（Permanent＝永久の、持続的）と、アグリカルチャー（Agriculture＝農業）、あるいはカルチャー（Culture＝文化）を組み合わせた造語です。パーマカルチャーの体系をつくりあげた、オーストラリアのビル・モリソンは、その目的を「地球上を森で埋め尽くす」ことにあるといっています。そこには人為によって失われた生態系を回復し、人間が自然環境に溶け込み、自然の一部となって生きる姿がありま す。

パーマカルチャーは、伝統的な農業の知恵を学び、現代の科学的・技術的な知識をも組み合わせて、通常の自然よりも高い生産性を持つ「耕された生態系」をつくりだすとともに、人間の精神や、社会構造をも包括した「永続する文化」を形づくる手法です。

つまり、森羅万象の関係性を重視し、いかに美しく持続可能なライフスタイルのデザイン（計画、企画、設計）にするか。それがパーマカルチャーの基礎を置くところなのです。

パーマカルチャーの基本となる3要素は、つぎのとおりです。

1．自然のシステムをよく観察すること（そのための感性をみがくこと）

2．伝統的な生活（農業）の知恵を学ぶこと

3．現代の科学的・技術的知識（適正技術）を融合させること

それによって、自然の生態系よりも生産性の高い「耕された生態系（cultivated ecology）」をつくりだします。そしてパーマカルチャーは、植物や動物だけでなく、農場、建物、土壌、水、自然、エネルギー、コミュニティさらに心身のケアなど、生活すべてをデザインの対象にしています。

それぞれの要素が、それぞれの役割を十二分に果たし、互いを搾取したり汚染したりすることなく永続するシステム（エコロジカ

パーマカルチャーの提唱者ビル・モリソン（写真・小祝慶子）

臼井健二さん（前）による野菜づくりの実技指導。環境に負荷をかけない自然農を基本にしている

シャンティクティの正面入口。屋根の上は草が生えているルーフトップガーデン

土をこねてつくった窯のアースオーブンは、多機能型システムキッチン

ル）で、経済的にも成り立つシステムをつくりあげるのです。それは自然を豊かにし（多様性、生産性）、人間の生活の質（精神的な充足感）をも豊かにするのです。

成立の背景と各地への広がり

パーマカルチャーは、１９７０年代に、オーストラリアのタスマニア大学で教鞭を執っていたビル・モリソンと、当時学生だったデビット・ホルムグレンによって体系化された実践的な学問で、その発祥の地であるオーストラリアでは、学校教育にも取り入れられています。

タスマニア生まれのビルは、漁師や森林労働など、さまざまな仕事をして暮らしていましたが、やがて環境保護運動に身を投じるようになります。その中で、

「ＮＯといわず、ＹＥＳといおう！」

反対したり、現状を告発するのではなく、具体的にどうすればいいのかを提示し、実践する……そこからパーマカルチャーが生まれ、始まったのです。

１９７８年、ビルとデビットの共著『パーマカルチ

ャー1』が出版されたことで、初めて公に紹介されました。世界的な歴史の流れの中で見ると、1960年代後半から1970年代にかけて高まった環境への関心から生まれた運動の一つといえます。

　だからといって、オーストラリアに行かなければ、その神髄が学べないわけではありません。彼らが参考にした研究の一つに、アメリカの土壌学者F・H・キングの『東アジア4000年の永続農業』という視察記があります。

　それは、キングが1909年に5カ月かけて中国、朝鮮、そして日本の農業の現場を視察したもの。そこで彼は、集約耕作、廃物の利用、時間と空間の集約的な利用……等々「永続的な農業」が実践されているのを目の当たりにし、驚いています。

屋根の上のキーホールガーデンでハーブなどを収穫する臼井朋子さん

獲物をじっと待つアマガエル

　私たちの祖先が、アジアで行なってきた里山の暮らしや、世界の先住民族が行なってきた生活の中に、たくさんのヒントがあるのです。これを現代的にアレンジしたものが、パーマカルチャーであるともいえます。

　パーマカルチャーが生まれた背景には、オルタナティブな道の摸索、自然回帰に連なる環境保全運動などがありました。

　近年、持続可能な社会の必要性が叫ばれるようになり、パーマカルチャーの概念やデザインは、個人や地域を中心に、行政や国際NGO団体のはたらきかけにより、世界に普及しつつあります。

　日本では、1993年にビルらの『パーマカルチャー～農的暮らしの永久デザイン～』（農文協）が翻訳され、1996年に神奈川県津久井郡藤野町（現・相模原市）に設立された「パーマカルチャー・センタ

チョウが羽根を立てて静止

草むらからはねようとするバッタ

支柱につる性の野菜をはわせたティピガーデン。下部は日陰を生かした円形の曼荼羅ガーデン

ズッキーニ、インゲン、ハーブ類を収穫

環境のバロメーターともなるニホンミツバチを飼育

ー・ジャパン（ＰＣＣＪ）」により、２０１１年『パーマカルチャー〜自給自立の農的暮らしに〜』（創森社）が出版されました。

国内での実習や座学、また海外のパーマカルチャーサイトやエコビレッジの見学ツアーなどを通して学んだ人が、自分の生活に取り入れたり、塾やワークショップを開催したりして、パーマカルチャーは草の根的に少しずつ広がりを見せています。

パーマカルチャーの目ざすところ

現在、私たちは地球温暖化をはじめとする多くの環境問題、農山村の高齢化、過疎化、非社員化による労働格差といった社会問題など数多くの歪み、ひずみを抱えています。果てしない競争と市場原理優先の流れが背景にあるからです。

このことは、ビル・モリソンが危機感を抱いた１９６０年代から１９７０年代にかけての状況が今なお続いているどころか、むしろ深刻化しているともいえます。

危機的状況は、自然と人間が隔絶してしまい、自然から離れてしまった人間が自らの拠りどころとなる自然を破壊してしまい、それが地球環境問題という形で顕著にあらわれています。

また、２０１１年3月11日、東日本大震災にともなう東京電力福島第一原子力発電所の事故があったにもかかわらず、再生可能エネルギー転換への本格的な舵《かじ》を切らず、いまだ脱原発のシナリオを描くことができず、循環社会を目ざしきれていないところにも象徴的にあらわれています。

生きとし生けるものを基本とする自然環境は、もともと無限に豊かであり、つねに変化しつづけています。その豊かさと変化を私たちは察知し、理解し、共感し、健全なコミュニティを築いていかなければなりません。その際、つぎのようなパーマカルチャーの倫理観が実践の場で求められます。

①自分自身を高めていくための「自己に対する配慮」
②すべての生物や無生物に対して心配りをする「地球に対する配慮」
③人間の基本的欲求を満たす「人間に対する配慮」
④自然からの恵みと一人ひとりの人間が持つ才能を十全に生かしていく「余剰分の共有」

これまで世界各地で効率的で無駄のない農法としてモノカルチャー（単作化。特定の一種類の農作物を栽培すること）が推し進められてきましたが、農薬被害や土地の荒廃といった問題が依然として発生しつづけています。

そのため、国連は「国際家族農業年（２０１４年）」を定め、各国政府に世界の農業の90％以上を占め、土台となっている家族農業、小規模農家への支援を呼びかけてきました。留意したいのは「農業の専門特化はリスクを高める。多様化こそ回避の道」と警鐘を鳴らしている点です。

たとえ農山村であろうと都市および都市近郊であろうと、各国、各地域で私たちは食・農・環境問題にかかわることで失われた自然環境を取り戻し、人間と動植物が共存する仕組みを築き直していく必要があります。それらの種々の試みから得られた経験や知識が有機的に結びつき、人間と自然がより密接に、より豊かになっていく関係性を形づくっていくことが、パーマカルチャーの目ざすところです。

分かちあいを基本にしている種の収納棚

在来種である筑摩野五寸ニンジンの種

本章

PermaCulture
自然に寄り添う農的暮らし方

SPRING　一粒の種がいのちを宿すとき
SUMMER　作物も草も虫もみんな仲間
AUTUMN　妙なる恵みがあるからこそ
WINTER　生きとし生けるいのちとともに

田畑もあるルーフトップガーデン（屋根上）

SPRING

野草を摘んで旬感クッキング

春の楽しみは、野草摘みと旬感クッキング。やわらかでアクの少ない新芽は、かけがえのない春の恵みです。

ちょっと歩き回るだけでどんどん集まる野草

ゲストハウスシャンティクティでは、毎年春になると「自然から学ぶ～心地よい暮らし」というワークショップが始まります。一年を通して、暮らしの中に野草料理や自然農、ヨーガや木綿の糸紡ぎなど、自然に寄り添った暮らしのヒントを1泊2日で学ぶ。そんな講座を月に一度開いているのです。毎年全国から参加者がやってきます。

第1回は、みんな初対面。お互いドギマギしながら始まりますが、自己紹介もそこそこに、春の野へ出て、みんなで「野草探し」を始めます。

参加者は二組に分かれ、手渡された「九つの分類メモ」に従って野草探し。その分類とは――

①薬草茶に使う草／スギナ、ヨモギ、タンポポ、ショウブ

②ピリッとする葉／ノビル、葉ワサビ

③左右に広がる葉／ノカンゾウ

④小さな球根ができるもの／ノビル

⑤天ぷらにしたらおいしいもの／ミツバ、フキ、タンポポ、スギナ、ニセアカシア、ヨメナ、カラスノエンドウ、セイヨウカラハナソウ（西洋唐花草）

⑥白い花の咲く野草／ナズナ、クローバー、ワサビ、ハコベ、ノビル、ヒメジオン

⑦紫の花の咲く野草／スミレ、ヒメオドリコソウ、カ

30分ほどで、こんなに集まった

ヨモギとスギナは、春野草の定番

くるくる巻いたノビル、タンポポの花、カキドオシの葉……全部天ぷらの材料に

グループに分かれて野草探しスタート

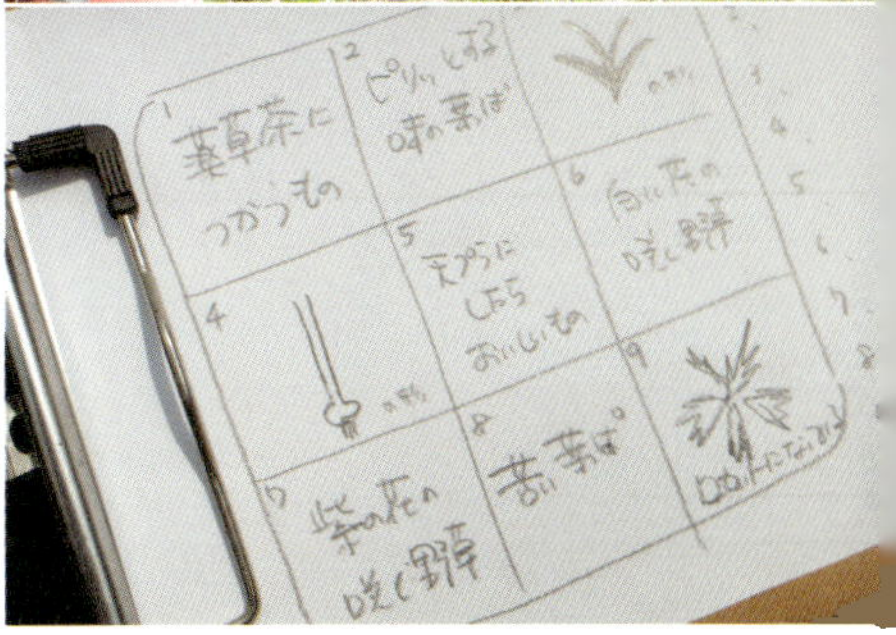

春の野草の特徴を、九つに分類したメモが頼り

ヨモギのジェノベーゼ、カンゾウ、ハコベ、ギシギシ、カラスノエンドウのおひたし。ヨメナ、スイバ、タンポポのサラダなど、春の恵み満載のランチ

キドオシ、コンフリー、アケビ、クズ
⑧苦い葉／フキ、ツクシ、タンポポ
⑨ロゼット型のもの／タンポポ、オオバコ、スイバ

ちょっと歩き回っただけで、これだけの種類の野草が集まってしまうから、すごいものです。

「これは苦いかも」
「こっちも天ぷらになる」
「ノビルがポコッと抜けた！」

ついさっきまで初対面だったのに、野草探しをするうちに、どんどん仲良くなっていく。この日は20種もの野草が見つかりました。

春の新芽や若葉は、大部分がやわらかでアクも少なく食べられます。しかも人間が種や苗を植えたわけではなく、お金を払うわけでもない。

なんとありがたい、春の恵みでしょう。

チャイブの葉を刻んで、生地と混ぜ合わせ、
鉄板でチヂミを焼く

水辺には、ミツバも生えている

デザートは、ヨモギのパンケーキ

天ぷら、おひたしのほかに野草のチヂミやパスタも！

翌日のブランチ（朝食と昼食を兼ねた食事）は、アースオーブンを使った「かまどdeクッキング」。参加者全員でつくります。

料理隊長は私たちの仲間で、アジアの家庭料理研究家のミヤモトタミコさん。そんなタミちゃんに、野草料理の秘訣は？　と尋ねると、

「野草は、摘み取ったらすぐに料理すること。生命力の強い野草は、大量に食べなくても、満腹感が得られるはず。だから、適量で抑えることも大事です」

とのこと。参加者は早速、野草摘みに出発。あっという間に、ヨモギ、スギナ、タンポポ、カンゾウ、ハコベ、カラスノエンドウ、ノビル、ヨメナ、スイバ、ギシギシ……が集まりました。

野草料理の定番といえば、おひたし

ノビル味噌づくりのポイント

ノビルの葉と球根を細かく刻み、炒める

愛らしい姿の球根がピリリと辛いノビル

味噌を加えて炒め、全体がなじんできたら、できあがり

と天ぷらですが、タミコさんの手にかかると、さらにバリエーションが広がります。ゆでたヨモギをミキサーにかけて、ペースト状にしてパスタに絡めたジェノベーゼ。ニラの代わりにチャイブの葉を刻み、米粉《こめこ》と小麦粉の生地と混ぜて焼いたチヂミも登場しました。

そしてこの時期、忘れず味わいたいのがノビルです。細長い筒状の葉は、チャイブとよく似ていますが、地面を掘ると「ポコッ」と真っ白で小さなタマネギのような球根が出てきます。ここをかじると、辛い辛い。味噌との相性がたまらなくよいのです。これを油で炒め、さらに味噌を加えて炒めた「ノビル味噌」は、この時期ならではのおかず味噌。ピリリとした辛味があって、思わず何杯でもご飯をお代わりしたくなってしまいます。

この日はヨモギのペーストを使って焼き上げたパンケーキに、小豆の餡をのせて味わう、ヘルシーなデザートもできました。

小麦粉やパスタ、調味料以外の材料は、身近に生えている野草だけ。そんな春の恵み満載の、ぜいたくなブランチが楽しめます。

SPRING

作業しやすいキーホールガーデン

鍵穴型のキーホールガーデン。代表的なパーマカルチャー菜園の一つとして、つながりよく配置されています。

そんなパーマカルチャーの菜園は、ぐるぐるらせん状のスパイラルだったり、鍵穴のような形をしていたり、じつにユニーク。別に遊んでいるわけではありません。この形にはちゃんと意味があるのです。

パーマカルチャーの畑でよく見かけるのが「キーホールガーデン」。円形の菜園のまん中に、鍵穴の形をした作業スペースを設けているので、そう呼ばれます。この鍵穴部分に人が入ることで、あちこち歩き回らずに、苗を植えたり作物を収穫したりする作業がスムーズになります。

どこからでも手が届く耕さない菜園

一般的に「畑」というと、まっすぐな畝が同じ方向に何本も並んでいて、全面で同じ作物を育てている、そんなイメージが強いと思います。一定の面積で単一の作物をつくるモノカルチャーのほうが、生産性や経済性が高いので、そのような形になっているわけです。

パーマカルチャーの大きな特徴は、一年草だけではなく、多年草の植物や樹木を生かすところ。それがまたこれまでの農業と大きく違う点でもあります。ずっと畑としてとどめるのではなく、森にしようとする。その背景には、単一の作物をつくりつづける畑ではない、多様性をもたらそうという考え方があります。

小さな池をつくると、虫やカエルがやってきて、多様性が高まる

ネギ、レタス、チャイブ……多様な作物が、共存している

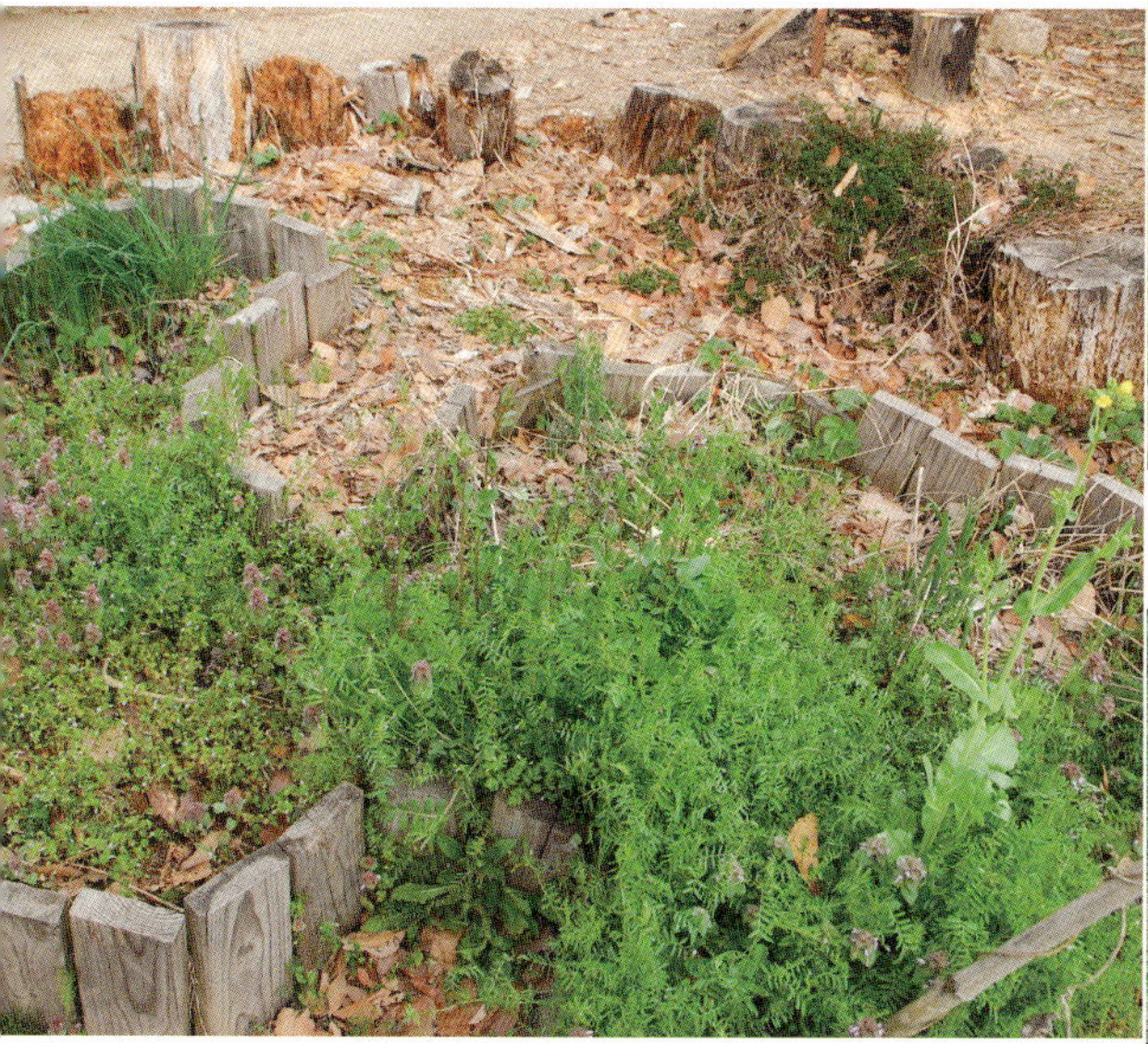

４月のシャンティクティのキーホールガーデン。
窪みに落ち葉がたまっている

こぼれ種が芽吹いて生えてきた
レタスが、野草と共存している

中央にティピを築いた、７月の曼荼羅
ガーデン

●キーホールガーデンの例●

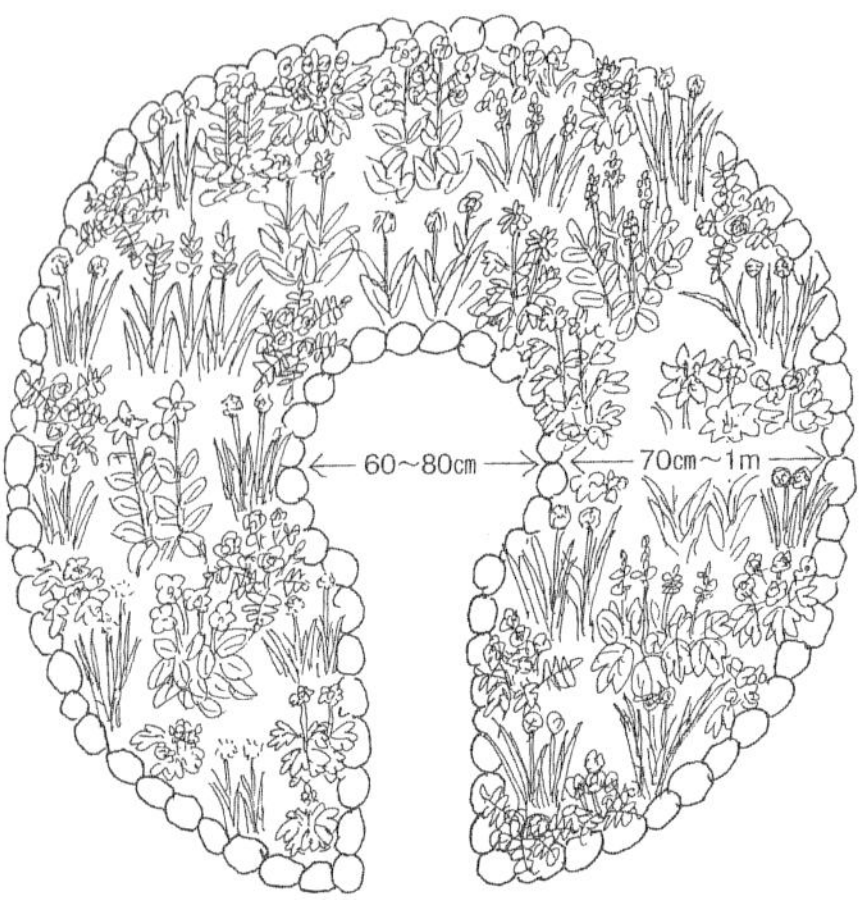

注：①キーホールガーデンは花壇、キッチンガーデン、ミニハーブ園などとして利用する
②『パーマカルチャー〜自給自立の農的暮らしに〜』パーマカルチャー・センター・ジャパン編(創森社)より

屋根の上にも、石を積んで土を入れ、ルーフトップガーデンを

手の届く場所で、イチゴなどが摘み取れる

またそうすることで、人が菜園の土を踏み固めることも、作物を踏んでしまうこともありません。人の手をあまり加えずに作業できるのです。

この菜園は、耕す必要はありません。栄養分は、その場で刈った草を重ねていくだけ。鋤《す》き込む必要もありません。そうするだけで、腐植の豊富なとてもやわらかな土が生まれて、窒素と炭素を補給できるのです。

多様性を重んじるパーマカルチャーの菜園では、ニワトリやウサギ、ヤギなど、動物を飼うところが多いのです。「チキントラクタ」といって、ニワトリが土を耕すはたらきを利用しているところもあります。

でも、菜食のシャンティクティでは、動物は飼っていません。コンポストトイレの資材を畑に入れます。それよりむしろ、自然界には太陽エネルギーを固定する草があります。そこに一番の窒素、リン酸、カリの供給源があるわけです。

また、風で運ばれてきた落ち葉などが、鍵穴の部分にたまるので、パーマカルチャー特有の「エッジ効果(Edge＝接縁)」も生まれます。それはつまり二つの異なる環境が接する縁に、豊かな生態系が生成されるというもの。菜園の周囲を直線で囲むよりも、リアス式海岸やフィヨルドのように凹凸をつけるほうが、多様性が生まれるのです。

草を排除するのではなく互いに生かし合う

菜園を見回っていると、「あれ、こんなところにレタスが」「おや、チャイブが」というように、思わぬ場所にこぼれ種からいろいろな野菜やハーブが生えていたりします。せっかく生えてきても、周囲に草が多いと日や風が当たらないので、ちょっと鎌で草を刈り込んでまわりに敷いてあげれば、それなりに大きくなります。

このように、草があるからお互いが生かし合うことができるのです。もし草がなくて、レタスやキャベツがわがもの顔で生えていると、虫が寄ってきて食べる。草も虫も生きられる世界をつくってあげることで、双方が生かされる。草が太陽エネルギーを固定して、より豊かにし、そして土の中には微生物や小動物が生きている。そうやってすべてを排除するのではなく、融合する世界をつくっていく。パーマカルチャーの菜園には、そんな考え方が生きています。

こんなふうにキーホールガーデンをはじめとするパーマカルチャー菜園は、みんなの「オアシス」。そんなに手をかけなくても、ちゃんと生えてくるので、いろいろなものが食べられます。

キーホールガーデンは、鍵穴の形が基本ですが、E、M、F、W型もOK。まわりのどこからでも手が届くように、自由な発想で作業しやすいガーデンをつくりましょう。

シャンティクティのガーデン全景。
耕さなくても多様な作物が育っている

7月末。臼井健二さんがエコツアーの参加者に
向け、畑の形の持つ意味を説明

SPRING

田畑もあるスパイラルガーデン

らせん状のスパイラルガーデンは、まさに多様性のモデル。なぜか屋根の上にもあるのです。

多様な動植物を育てるスパイラルガーデン

もう一つ、パーマカルチャーの典型的な菜園に「スパイラルガーデン」があります。その名のとおり、ぐるぐるとスパイラル（らせん状）を描いた形をしています。

中心を高く築いて、外側へ行くほど低くなる。スパイラルの最終地点には、小さな池があったりします。高低差があり、おのずと日向と日陰、乾燥と湿潤、風上と風下ができるので、異なる環境や気候条件を好む植物を育てることができます。

たとえば、日当たりのよい場所には、スイカやトマト、ナス、ピーマンを。光の少ない場所には、セリ、ミツバ、レタス、ミョウガ、キノコ類という具合に、小さな菜園でありながら、部分的に異なる気象＝「微気象」を備えているので、多様な植物を育てることができるのです。

らせんの最終地点に穴を掘り、防水シートや古タイヤで小さな池をつくります。ここにセリやクレソンなど、水辺を好む植物が生えてくると、カエルなどがやってきて、虫を食べてくれます。

小さなものでは、直径2m、最小1mぐらいからつ

屋根はスパイラルガーデンの「ホビットハウス」(左)と、とんがり屋根の「種ハウス」

7月末の「天空の段々畑」。
種とり用のイチゴやレタスが育っている

「天空の棚田」では、ちゃんと稲も育っている

「種ハウス」にも、ルーフトップガーデンがある

どこからか種が飛んできて、ちゃんと水草も生えている

ハーブいろいろ。マリーゴールドやナスタチウムも咲いていて……

くることができます。キッチンの出入口のそばにあると、ハーブや野菜を摘みに行くときに便利です。

シャンティクティでは、そんなスパイラルガーデンが、なんと屋根の上にもあります。２０１１年、建築ワークショップのメンバーが、土を詰めた袋を積み重ねて建てたアースバッグ（土嚢）ハウス。その屋根の上にらせん状の菜園をつくりました。

スパイラルガーデンは、地上につくるのが基本ですが、屋根は一番遊んでいるスペース。ここに菜園をつくることで、緑を復元することができるし、断熱効果も生まれます。形は、地上の菜園と一緒ですが、一部に水をたたえた「田んぼ」もあり、立派に稲が実っている。世にも珍しい「天空の棚田」です。

これをつくったときは、まず屋根にのせた野地板の上に平トタンを張り、アスファルトルーフィングシート（板紙にアスファルトを染み込ませた防水材）を重ね、その上に石を積んでいきました。できた凹みに畑の土や腐葉土、燻炭などを厚さ10㎝以上入れました。土は厚みがあるほどいいのですが、屋根にのせる場合は、全体の重さのバランスも考えないといけないので、大量には積めません。

パーマカルチャーは、自然に返る素材を使うのが基本なので、シャンティクティの敷地と、近くに道が崩壊した場所があったので、そこから石を運んで、らせん状に積み上げていきました。棚田は囲ったスペースに、籾殻《もみがら》を入れます。ここで水平器を使って傾斜を確認しながら、まっすぐに敷き詰めます。その上にビニールを敷いて、コーキング剤ですき間を埋めます。これで雨漏りの心配がなくなります。

屋根の上に花やイチゴ、稲や水草も生えている！

数年前、森の中に棚田をつくったことがあるのですが、そこは日当たりの悪い場所で、実りはいま一つで

臼井朋子さんが、晩ご飯の材料を収穫中

サラダ菜やカモミールも……

屋根の上で、稲も立派に実っている

した。ところが屋根の上は日当たり抜群。日照りが続いたときは、水やりが必要になりますが、基本的に雨水に任せています。

天空の畑にはイチゴやキュウリ、レタス、ナス、トマト、薬物類やハーブなどを植えています。花の色が鮮やかで、まるで屋根から草や花が生えている、おとぎ話の家のよう。断熱効果も生まれて、室内は夏も涼しく快適です。

稲を植えたら、水面が水草でいっぱいになりました。稲の株に種がついてきたのでしょうか？　それとも種が空を飛んできたのでしょうか？　不思議です。

地上に比べ、屋根の上の菜園は人工的なので、プランター栽培と同じと考えるほうがいいと思います。それでもエン麦、オーチャードグラス、クリムゾンクローバー、赤クローバーの種をまき、草を生やし、敷き詰める自然農の方法で、土づくりを続けています。

手づくりのホビットハウス（おとぎ話をモチーフにした家）の屋根に生まれた天空の棚田と段々畑――。パーマカルチャーの技と知恵は、こんなところにも生きています。

SPRING

五感を育む野外こそ園舎そのもの

森をはじめとする野外は野草や樹木、作物だけでなく、子どもを育てる場。園舎がなくても大丈夫です。

始まりはおさんぽ会
自然の中で子育てをする

私たちが、穂高で直接「舎爐夢《しゃろむ》ヒュッテ」を運営していた頃、近くの子どもたちやその家族と一緒に、野外保育を始めました。名前は「野外保育森の子」。園舎はなく、子どもたちは一日を野外で過ごします。

きっかけは1999年。0~3歳児の母親たちが始めた、週に一度のおさんぽ会でした。

シャロムのまわりの林や畑のあぜ道を歩くうち、子どもたちは自然の中でいろいろな発見をし、生き物の世界を身体で感じ、与えられたおもちゃやテレビではなく、自分から遊びをつくり、楽しんでいきます。すると、だんだん母親たちのあいだにも、

「こんなすばらしい環境の中で、子どもを育てていきたいよね」

そんな思いが芽生えていきました。デンマークの森の幼稚園の写真集や、鎌倉市の自主保育の本を読んだり、スウェーデンの環境教育の「ムッレの森」の勉強会に出たりするうちに、

「お金がなくても、お母さんたちの力で、保育の場所をつくってみたい」

と思うようになったのです。すると松本短期大学の寺島《てらしま》明子先生が、協力を申し出てくれました。

こうして2002年4月「野外保育森の子」が生まれました。今年で14年目。3~6歳の子どもたち24人が、毎日元気にやってきます。

「森の子」には、園舎はありません。子どもたちは8時30分から午後2時まで、野外で過ごします。

保育初日は「はじめの一歩」

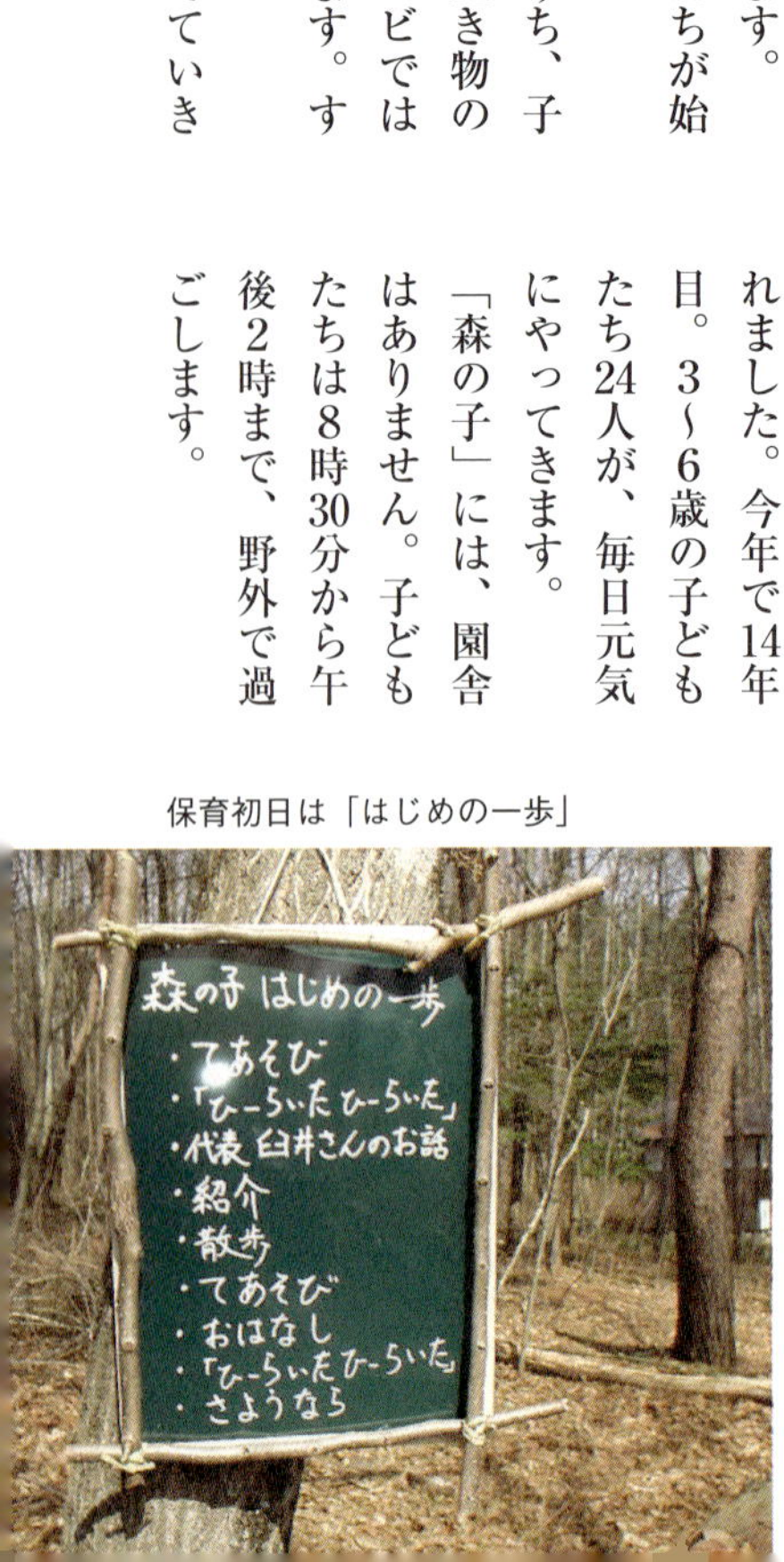

田んぼに入って
田植えもする

雨の日はカッパを着て雨の日の遊び。寒さの厳しい日は舎爐夢ヒュッテで過ごすこともありますが、基本的に冬はスキーウエアを着て、野外で遊びます。

林の中の「森の子フィールド」には、手づくりのテーブル、いす、ブランコ、木製の鉄棒、コンポストトイレがあります。そこで、木工やお絵描き、ごっこ遊び、絵本の読み聞かせなどをして過ごします。

子どもたちは、毎日泥んこになって、藪に分け入ったり、穴を掘ったり、木に登ったり、焚き火をしたり、虫を捕まえたり、花や木の実やキノコをとったり……。森の中で、五感をフル稼働。自由に遊びながら、自分たちで考える面白さを体感しています。

そして週に一度は調理実習。焚き火で火をおこし、子どもたち自ら包丁を手にして、味噌汁やカレー、カボチャスープ、ヨモギ餅に朴葉餅など、季節の料理をつくって、みんなで食べます。

「ネコ車に５人のれたよ」

田んぼでご飯を食べる

かぶと虫の幼虫が、こんなにいっぱい！

こうした野外保育は、楽しいことがいっぱいですが、子どもたちは厳しく辛い経験もします。それでも毎日野外で過ごし、季節の変化を感じることで、五感を育み、「人間も自然の一部なんだ」と実感し、仲間を思いやる心や、自然に対する謙虚さを身につけていくのです。

お金や園舎はなくても仲間がいれば始められる

冬の日は、焚き火

「森の子」をつくるとき、みんなで話し合いを重ねました。保育料についても、保護者や保育士の先生と話し合って決めています。開設後、役場へ無認可保育園の許可申請をしました。

自主グループなら必要ないと思いますが、保育士に保育料を払って運営する形にするなら、ちゃんと行政に相談したほうがよいと思います。

始めた頃は、毎日保育当番があって、お母さんたちも先生のサポートに交代で入っていました。ほかの子の様子や、先生と子どものかかわり方を見ることができて、とても勉強になりました。

現在は、保育は先生に任せ、運営を保護者が担当する形になっていますが、今も「お母さん先生」という制度があって、先生の都合の悪いときなどは、保育をお手伝いしています。

「おかず当番」の日もあって、順番でみんなのおかずをつくって持っていき、子どもたちはご飯だけ持ってきて、おかずを分かち合います。

毎日野外で保育を行なう「森の子」とは別に、毎週木曜日「ちびっこ会」があります。就学前の子どもたちと、その家族の集《つど》いの場。森や畑のあぜ道を親子一

雪の日も、外遊び

千歯こきもできるようになる

冬の日もおさんぽ

小さな手で味噌玉づくりにも挑戦

緒にさんぽします。活動拠点は舎爐夢ヒュッテですが、夏のサマーキャンプのときは、親子でシャンティクティへやってきます。夏のサマーキャンプには、お父さんも参加。アースオーブンでクッキング、水遊び、夜はテントを張ってキャンプ……みんなで夏の自然を満喫します。

今、保育園に入れない待機児童が増えていたり、お母さんが悩みを相談できる相手もなく、孤立していたりします。だけど、お金や園舎がなくても、仲間がいれば、自然の中で子育てができるのです。

野外保育の始まりは、まず仲間を見つけること。自然の少ない都会でも、公園などの身近な場所に集まれば、始められます。

今、野外保育のムーブメントは、全国的に広がっていて、毎年「森のようちえん交流フォーラム」が開かれています。野外保育に関心のある人、自分でも始めたい人は、そこへ参加することをおすすめします。

「自然の中で子どもを育てたい！」

そんな思いがあって、そこに共感する人が集まれば、きっとできるはずです。

SPRING

自然農で妙なる畑に種をまく

鎌一本あれば、誰でも始められる自然農。環境に負荷をかけず、いのちの営みに寄り添う農法です。

「耕さず、肥料・農薬を用いず、草や虫を敵としない」

日本には、福岡正信の自然農法、MOA（世界救世教）岡田茂吉《もきち》の自然農法、川口由一《よしかず》の自然農、そしてドイツにはシュタイナーのバイオダイナミック農法など、さまざまな方法があります。「シャンティクティ」では、川口さんの自然農を軸に、ここの気候に合ったやり方で、野菜を栽培しています。

自然農の基本は「耕さない。肥料・農薬を用いず、草や虫を敵としない」ということ。作物がとれたら、その分はその場にあるもので補う。落ち葉や動物性の堆肥なども、よそからは入れないという考え方です。

有機栽培の収穫量を100とすると、自然農の収穫量は60ぐらいの割合。効率を求めて100とろうとするのではなく、60でよしとすれば大変ではありません。できたものを商品として売るのではなく、余剰物を誰かにあげる。すると別のものが2倍になって返ってきます。そこに生まれる人のつながりが、一番の財産。それが本来のパーマカルチャーなのです。

草ボーボーの土地ほどよくできる

必要なのは、軍手と草を刈るノコギリ鎌一本。さらに移植ゴテがあれば、もう十分。管理機もトラクタもいりません。お金のかからない夢のような農法です。

自然農を始めるなら、草ボーボーの農地を選びましょう。農薬や化学肥料が残っていると、作物ができるまで時間がかかります。それより草がボーボー生えていて、藪になっているような場所がよいのです。

シャンティクティの畑も、最初は荒れ果てた農地でしたが、まったく耕していません。これを耕すと、すごく草が出ます。耕さなくても土はそこそこやわらかいので、根は自力で伸び、作物もよく育ちます。

おまじないを唱えながら、一粒ずつ種をまく

「使うのは、手袋とノコギリ鎌だけ」と健二さん

刈った草を上にのせる

まわりの草を刈る

土をかぶせたら、足で踏む

ポイントは「草の生やし方」にあります。草が太陽のエネルギーを蓄えて、それを土に返すことで、土が豊かになっていきます。だから草が足りないと、だんだん土が痩せていってしまうのです。

畑に生える草は、その土を知る目印です。たとえば、スギナやヨモギなど、茎が太く、ゴワゴワした草が生える場所は土が痩せている印。そのため、根粒菌（マメ科植物などの根に根粒を形成して共生する細菌）が窒素を固定して土を肥やしてくれる大豆、痩せ地でも育つジャガイモやカボチャが適しています。

ハコベやオオイヌノフグリなど、地をはうような草が生えていたらキャベツやナス、タマネギなどがつくれます。

やっとハコベなどが生えてきたなと思ったら、草をたくさん生やして刈り取り、多めに敷いてあげると状態がよくなっていく。草の生態には、ちゃんと意味があるのです。

種まきには保険とおまじないを

自然農の畑で、種をまくときのポイントを紹介します（ちなみに自然農では、種をまくことを種を降ろすともいう）。
①地上部に生えた草を、ノコギリ鎌を使って地際すれすれで刈り、刈った草は横に置いておく。
②鎌を使って、表土を1㎝ほど軽くかき出し、落ちている草の種を取り除く。
③3〜4粒種をまく。
④まわりの土を、種の2〜3倍の厚さにかける。
⑤足の裏で踏み、鎮圧する。

ジャガイモの植えつけ。柄が飛び出ていない鍬を選ぶ

ザクッと鍬の刃を入れたら、できたすき間に種芋を入れて埋めるだけ

⑥上から刈った草を敷く。

たったこれだけ。土をかけたら、その上からまわりの草を刈ってかけておきます。この「草マルチ」には、保温、保湿、光を遮断して草の生長を抑えたり、そのまま朽ちて肥料に……草はいろいろな役割を果たしています。

「自然から学ぶ〜心地よい暮らし」のワークショップでは、アンデス、キタアカリ、トカチコガネの3種類のジャガイモを植えました。

暑さや台風で、どれか一つがダメになっても、他の品種が生き残る。「早生《わせ》はダメだったけど、晩生《おくて》はよくできたね」なんてこともある。複数の品種を植えるのは「畑の保険」でもあるのです。種をまくとき、私たちはこんなおまじないを唱えます。

「一粒は大地に、
もう一粒は鳥に、
もう一粒はあなたに、
そしてもう一粒は私に」

すべてをわがものにするのではなく、大地や自然、仲間と分かち合っていただく——それが自然農の営みなのです。

◆コラム

粘土団子のつくり方

思い思いに投げる

カボチャ、キュウリ、ナタネなど、古くなった20種もの種を混ぜ合わせる

数日後、団子から芽が出ていた

小さく丸める

自然農法の、もう一つの種まきの方法として、福岡正信さんが編み出された、「粘土団子」があります。2008年８月16日、95歳で逝去された福岡さんへの追悼の意を込めて、そのつくり方を紹介します。

粘土団子には、「田んぼ・畑用」と「砂漠緑化用」があるといわれていますが、ここではいろいろな種を一つの団子にたくさん入れる「田んぼ・畑用」団子をつくります。

1．田んぼからとってきた粘土（赤土でもよい）を、１㎝ぐらいの目の粗い網で漉す。押しつけて無理に網目を通すのではなく、自然に落ちるものが落ちていくように指先を開いてかき混ぜる感じで。
2．漉した粘土にいろいろな種を混ぜ合わせる。ニンジン、キュウリ、カボチャ、トウガラシ、エゴマ、メロン、ピーマン、ナス、ナタネなど、20種以上。２～３年たって、発芽率の悪くなった種など。乾いていたら、少し水を打ちながら、そば打ちの要領で混ぜる。
3．握りこぶし大の大きさに取り、丸めて叩きつけるなどして、空気を抜く。割れにくく、種と土をよく密着させるため。地面にビニールシートを敷いて叩きつけるとくっつかない。
4．さらに小さく、ピンポン玉より一回り小さいくらいの大きさに取り、丸めて完成させる。
5．思い思いに粘土団子をまく。
6．草のあいだから自然に発芽する。

SPRING

ティピと一体の曼荼羅ガーデン

つる性植物の拠りどころのティピは、テントや温室に早変わり。下部周囲には、円形の曼荼羅ガーデンを設置します。

一人で建てられるティピは先住民の知恵

シャンティクティの庭には、「ティピ」の支柱を利用した、円形のガーデンがあります。

ティピとは、ネイティブ・アメリカン（アメリカ先住民）の中でも平原に暮らす部族が利用する、移動用の天幕のことです。

一見野営用のテントに似ていますが、普通のテントと違い、天井から煙が抜ける構造になっているので、中で火を焚けるのが特徴です。

そのため、中で煮炊きをしたり、暖をとることもできるし、雨の日は天井を閉じることもできる。ものを持たないシンプルな暮らしが可能な住まい。そんな暮らしに憧れます。

そんなティピの建て方を覚えておくと、なにかと便利です。キャンプのときは、上からシートをかぶせれば、野営用のテントに。中で焚き火を囲んで食事や談笑もできます。気温の下がる春先、全体に透明なビニールシートをかければ、温室としても使えます。

高さは２ｍを超えますが、そんな大きなティピを建てるときも、ネイティブ・アメリカンは一人で組み立てます。女性の仕事なのだそうです。

はしごも使わずにどうやってつくるのでしょう？　私もそんな彼らを見習って、一人で建てました。手順は以下のとおりです。

４月中旬、とりきれずに残ったインゲンを肩車で収穫する臼井夫妻

ティピを中心に、放射状に畑を配置する

通路に麦やクリムゾンクローバーを植えて、圃場に刈り敷く

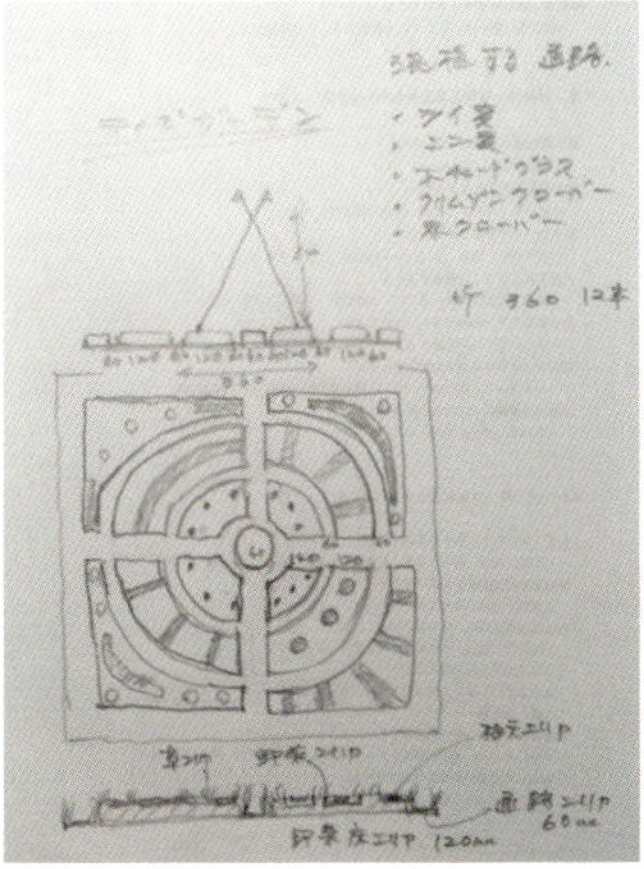

ティピ＋曼荼羅ガーデンの設計図。円形の菜園の中心にティピがある

真夏には、キュウリの葉が生い茂る

■ティピの建て方……………

①竹の支柱3本を長いロープで縛り、地上に立てる。

②支柱を1本①に立てかけ、ロープで結び目の周囲をぐるっと一周する。丸竹を結合部の下に入れるのがコツ。

③1本足してまわりを一周、1本足してまた一周……これを繰り返していくと、しっかり締まっていく。

④一般的なティピの支柱は9本だが、ここでは12本立てかけた。すべて立ったところでロープを引っぱると、輪が小さくなり、よく締まる。

⑤巻き終わったロープはアンカーで止め、しっかり固定する。

ティピの支柱の下には、ヘチマや朝顔、キュウリ、ヒョウタン、ゴーヤ、インゲンなど、つる性の植物を植えます。夏になると、つるが伸びて葉が茂り、緑のカーテンの中で昼寝ができそうです。

曲線を描く曼茶羅ガーデン

そんなティピガーデンの周囲には、円形の「曼茶羅《まんだら》ガーデン」をつくりました。曲線の畑って、ステキだと思いませんか？　そもそもなぜ畑はみな直線なのでしょう？　それは耕すために、合理的で効率的だから。効率を優先すると、どうしても直線的なデザインになってしまいます。

でも耕さない畑は、直線でなくても問題はありません。ティピは風が吹いても倒れません。曼茶羅とは円輪のように過不足なく充実した境地のこと。「円輪具足」とも訳されます。

そもそも山や川、自然界に直線はありません。曲線の中に安定した美しさがあるのです。耕さない畑は、直線である必要はないと思います（もちろん直線でもかまいませんが）。

帝国ホテルを設計したフランク・ロイド・ライトは、「自然が最もすばらしい教師である」といっています。ガウディーやシュタイナーの建物を見るように、曲線には、なぜかホッとする自然の美しさを感じます。

曼茶羅ガーデンの通路には、ライ麦、エン麦、オーチャードグラス、クリムゾンクローバー、赤クローバーを混植します。草丈が伸びてきたら、これを刈り取って、畑に敷き詰めていきます。

6月末、インゲンのつるが、力強くティピの支柱を登っていく

ビニールシートをかければ、
作業小屋としても使える

くるくるとらせん状に支柱に巻きついて、
つるを伸ばしていく

春先の寒い時期には、育苗ハウスに早変わり

刈り敷いた草は、土壌菌が分解して腐食に変わりますが、このとき有機酸を出して草を抑えます。その腐食を小動物が分解して、有機質から無機質に変えることで、ようやく根は肥料分として吸収できるようになるのです。

昔話の「桃太郎」の冒頭に、
「おじいさんは、山へしば刈りへ」
というくだりがありますね。この「しば刈り」の「しば」は、燃料としての薪を取りに行ったという説と、刈った草を田畑に敷いて、地力を維持したという説があります。昔の人は、草を刈り敷くことで生まれる「有機質マルチ」の効果を、知っていたのでしょう。

農耕の歴史において、とかく草は問題児扱いされていますが、「耕さない」自然農は、そんな問題児＝草と上手につきあうことで、豊かな生態系が生まれるのです。問題児ほど、じつは有用な存在であることは、人間の世界も一緒。ティピと曼荼羅ガーデン。草を生かした美しい圃場です。

田んぼを整え 苗を植える

自然農の米づくり。田植えの準備をし、一株ずつ手で植えつけていきます。

田んぼに畝をつくり 陸苗代で苗づくり

30年前、自然農法で米づくりに挑戦しようと、福岡正信さんのやり方で、種籾とライ麦とクローバーを包んだ泥団子をまいたのですが、芽が周囲の草に紛れてしまい、結局種籾くらいしかとれませんでした。そんな状態が3年続いた後、「陸苗代《おかなわしろ》」で苗を育てて移植する自然農のやり方に変えました。

自然農（川口由一さんが提唱する農法）での米づくりは、苗＝「幼少期」の頃、草に負けなければ育つ。それが基本です。田んぼの草は「抜く」のではなく、刈ってそこに伏せておく。考え方は、畑と一緒です。

■田んぼの準備

自然農の田んぼは、溝を掘って平畝をつくり、そこに苗を植えるのが特徴です。慣行農法では、溝も畝もつくらずに作付けしますが、自然農では、夏のあいだ水量を調節し、空気の通りをよくして根張りを促進するため、水田にも４ｍ間隔で畝を立てます。

■苗づくり

自然農では「陸苗代」で苗を育てます。種まきは４月中旬に行ないます。田んぼの一角に「陸苗代」をつくり、種籾を湯水に浸して沈んだものをザルに上げてまきます。種籾の量は、１本植えの場合１反（３００坪）に６～７合が目安です。田んぼの湿潤な場所を選んで、苗床の位置を決めた

田んぼの一角に陸苗代をつくり、苗を育てる

６月中旬の田んぼ。陸苗代で苗が生長している

陸苗代で育てた苗。4～5葉になったら植え時

ら、ノコギリ鎌や鍬で、草を刈る。苗代の広さは、3畝《せ》（90坪）の田んぼに、1・2×4mが目安。

ノコギリ鎌で表土を約1㎝削り、草の種を取り除く。

スコップで苗代の周囲に溝を掘る。溝に水が溜まることで乾燥を防ぎ、モグラ除《よ》けにもなる。

鍬の背を土の表面に押しつけ、平らに鎮圧する。種籾の発芽をそろえる効果がある。

種籾を1㎝間隔でまく。密になったところは、手でまばらにしていく。

土をかける。種籾の3倍くらいの厚さで、均一に。草の種が混じっていない土をかけること。

鍬の背で、土の表面を押さえつけて鎮圧。下層から水分が吸収しやすくなる。

上から3～5㎝に切った稲藁をかけ、まわりの溝に草を詰め、乾燥を防ぐ。

米ぬかをふりかけ、その上に長い藁を厚さ10㎝ぐら

苗床から1本ずつ苗を取り出し、地面に穴を掘り、根に土をつけたまま植える

7月上旬、田んぼを耕さずに田植え。ノコギリ鎌で穴を開ける臼井朋子さん

水を抜いた田んぼでは、稲がすっくと育っている

畦では大豆が育っている

周囲の草は地際で刈り取り、その場に寝かせる

い敷く。藁は保水して発芽を促す効果がある。代わりに燻炭をまいてもよい。

藁が風で飛ばされないように、パオパオ（不織布の被覆資材）をかけ、竹や棒で抑える。

長い藁は、発芽したら曇りの日に取り除く。鳥害防止に、糸を張ったり、パオパオで覆う。

耕さず、穴を掘って田植え 草はその場に刈り敷く

■田植え…………

田植えの時期は、6月中旬。田植えから約2カ月後の苗が4葉半になる頃が目安。植える前に、田んぼに切った溝の3分の2程度、畝の上まで浸からないように水を入れておきます。

鍬を使い、土を3㎝ほどつけて苗をすくい上げ、苗箱に移す。

苗箱から、根を傷めないように注意して、土をつけたまま苗を1本ずつ取り分ける。

苗を植える間隔は、株間30㎝×畝間40㎝が目安。作付け縄で目印をつけ、ノコギリ鎌で穴をあけ、土がついた苗を一株ずつ植えていく。苗の根本と地面が水平になるように植える。

田植えが終わったら、畝の上まで水を入れる。

今年（2014年）の田植えは7月8日。安曇野で一番遅い田植えになりました。

■草刈り…………

自然農では、稲刈りまでに数回草刈りに入ります。茎を残さないように、地上部ギリギリで刈り取って、刈った草をその場に寝かせます。その場に刈り敷いた草は、やがて朽ちて稲の養分になっていきます。

今年は田んぼに大豆と米ぬかをまいて、トロトロ層

8月上旬、刈り敷いた草は、朽ちて稲の養分に

をつくることで、除草にチャレンジしています。田んぼに米ぬかとおからをまいて、水を入れます。このとき「えひめＡＩ－２」という環境浄化微生物を一緒に流し込みます。数日すると発酵して田んぼが酸欠状態になり、水に覆われた草は枯れるのです。一方、稲は、すでに生長して水の上に出ているので、酸欠にならず大丈夫です。７月22日に草刈りをして、米ぬかをまき、水を入れました。

田植えは全部手植えです。自然農の米づくりに機械はいりません。機械で苗を植えると、あっという間に終わりますが、機械を使わなくても、30人ぐらいでいっせいにとりかかれば、手作業で、あっという間に終わってしまいます。機械植えはたしかに効率的ですが、人のつながりを断ち切ってしまっています。

田んぼに裸足《はだし》で入って、みんなでお弁当を食べて、お茶を飲んで……一枚植えたあとは、なんともいえない充実感があります。田んぼは小さくていい。自給用とはいえ、小規模な稲作ができるよろこびは、とても大事だと思います。

冬のあいだ、水を張っている冬水田んぼにガンがやってきていました。このとろとろ層を1週間ほど干して直まきで種を植えました。水面に稲が顔を出してきています。とろとろ層には草がほとんど生えていません。２０１５年は除草をしなくてすみそうです。

SPRING

木綿を育て紡ぐということ

自分で育てた木綿から糸を紡ぐ。手で生みだすことで、なぜか満ち足りた気分になります。

「自分の手で糸を紡ぎたい」

アジアを旅する中で、手仕事の美しさに魅せられ、またその中で、貧困の問題にも出会い、フェアトレード（公正貿易）のお店を始めることにしました。

その中で、インドでのコットン生産の現状を知りました。在来の綿は、繊維が短く、機械にかからないため、F_1種（異なる性質の種をかけ合わせてつくった雑種1代目）の繊維の長い木綿をつくらされているのですが、環境に適さないので、多量の化学肥料と農薬が必要になります。そのために健康を害し、借金がふくらんで、自殺する人が後を絶たないそうです。

フェアトレードでオーガニックコットンの取り組みを応援していましたが、やはり他国の犠牲の上で衣類を着るのではなく、自分でつくれたらいいな。そう思っていたら、なんと日本で自ら綿を育て、糸を紡ぎ、織った布でつくった服を着る人に出会いました。

それは片山佳代子さん。２０１１年からシャンティクティで、ガンジーのお話と糸紡ぎのワークショップの講師としてお招きしています。片山さんは、インドでガンジーの思想に出会い、『ガンジー自立の思想』を翻訳され、ガンジーの研究をすると同時に、その思想をご自身でも実践されています。

１５０年もの間、大英帝国に植民地支配されていた、インドの人たちにとって、伝統的な糸車＝チャルカは、独立運動のシンボルでした。

木綿の種が、ようやく芽を出した

寒さに強い、会津木綿の苗。葉脈と軸が赤い

ガンジーは、植民地支配にあえぐ民衆に呼びかけます。

「イギリスに依存した生活をやめよう」

大型機械で大量に織られた服を焼き払い、自らチャルカで糸を紡ぎ、手織りの「カディー」という衣服を身につけ、自立することを選んだのです。

8月に咲いた花は、どこかオクラの花に似ている

土にエリンギの菌床を入れた曼荼羅ガーデンは、生育も良好

弾けたコットンボールは、下に向かって垂れ下がる

ガンジーの思想を実践。スピンドルで紡ぎ方を指導する片山佳代子さん

それはまた、インドだけの話ではなく、現代の日本に暮らす私たちにも通じるのではないか、と片山さんはいいます。
大企業に属して、ただただ忙しい日々を送るのは、

植民地で奴隷化された民衆と通じるものがある。お金を稼いで、身体を動かさず、高価なものを追い求めるのではなく、自らの手でなにかをつくることで、自立した生活を取り戻す。それは家庭菜園でもいいいし、糸紡ぎでもいい……。

手仕事には、自信を取り戻したり、人の心を穏やかに変えたりしていく力もあります。

はじめは四苦八苦　慣れればちゃんと紡げる

シャンティクティでも、何度か綿の種をまいていましたが、綿はもともと南方原産の植物なので、信州では松本周辺でしかつくられていません。安曇野の池田町では、なかなか大きくならず、綿が弾ける前に霜に当たってしまうのです。

片山さんから「日本で一番涼しいところで栽培されている木綿ですよ」と、会津木綿の種を分けていただき、一番日当たりがよく、土も肥えている曼荼羅ガーデンで育てたところ、2014年は生育がよく、ちゃんとコットンボールが弾け、収穫することができました。

この綿畑は、ご近所のオーガニックコットンの衣類の生産、販売を手がけている、㈲ロープスの西河博文さんとの共同作業。西河さんは、東京でアパレルの仕事をしていて、成功していましたが、大量生産、大量消費の暮らしに疑問をもち、農的暮らしをしながら、イベントなどで販売をされています。西河さんと、仲間に声をかけて「安曇野綿の会」をつくり、一緒に作業をしています。

できたコットンボールから、まず「から」を取り、種と繊維に分けます。「綿繰り機」という昔のすばらしい道具があり、くるくるハンドルを回すと、種が落ちてくる仕組み。子どもでもできるので、こちらは小さな子たちに遊びとしてやってもらいます。

それを綿打ちにかけます。弓のようなもので弾くと、繊維がふわふわになります。それをまとめて糸車で紡いでいくと、やっと糸ができます。その糸をさらに2本より合わせると、強い糸となり、紅輪にとった「かせ」にして石けんで煮て、脱脂。これでやっと編んだり、織ったりできるようになります。

ワークショップでは、自分たちの育てた綿だけでは足りないので、倉庫に眠っていたふとん綿を紡ぎやすいように棒状の「しの」にして、紡いでいきます。
糸車は、日本の伝統的なものを真似てつくったもの。インドのガンジーアシュラム（ガンジーが活動の拠点とした場所）でつくられている、持ち運び式のチャルカ、ニュージーランドの羊毛用の糸車のピッチを変えて紡げるようにしたものなど、いろいろな道具を使って紡ぎます。コマのような「タクリ」と呼ばれるスピンドル（糸巻きなどの心棒）でも紡げます。

はじめは、なかなかつながらず、太さもそろわず、四苦八苦しますが、自転車と同じで、慣れてきたらなんでもないもの。やわらかな繊維から糸になっていく様が手にとるようにわかります。自分の手でものを生み出すことは、どこか満ち足りた気持ちになるのです。

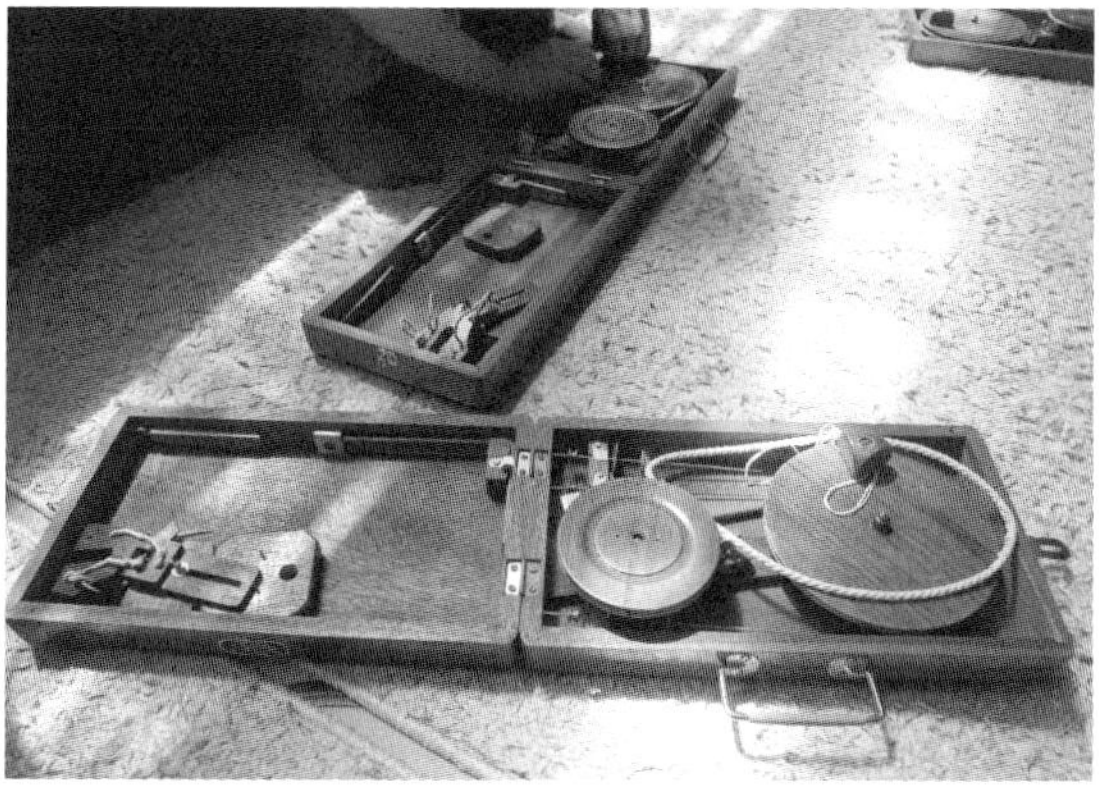
インドのチャルカは、折りたたみ式のコンパクト設計

日本式の糸車でも、糸紡ぎに挑戦

羊毛用の糸車のピッチを変えて、木綿を紡ぐ

SUMMER

草花が育つルーフトップガーデン

屋根に土をのせてつくるルーフトップガーデン。花畑や麦畑、棚田があります。

屋根の上に棚田と麦畑を

シャンティクティの母屋の屋根は、いつも草が生えているルーフトップガーデンになっています。

私たちがここへきたとき、この建物のトタン屋根全体にサビが広がっていて、ペンキを塗らなければならない状態でした。日本の建築物で、最も生かされていないのが屋根です。せっかくだから、天井に土をのせて草木を生やそう。ライ麦や花、ハーブを植えよう。この際、棚田もつくって米もつくろうと考えました。

屋根を有効利用することで、とかく低い低いといわれる日本の食料自給率を、0・000001％（!?）でも上げてやろうと思い立ちました。草屋根には、断熱効果があるので、夏も快適に過ごせるはずです。

草屋根づくりにとりかかったのは、2009年の5月でした。トタンの上に、糊のついたアスファルトルーフィングシートを張り、サイドに石を置いてモルタルで固定し、その内側に土を入れていきます。土を入れるときは、延々とバケツリレーが続きますが、一緒に運ぶ仲間がいれば大丈夫です。

■草屋根のつくり方

①トタン屋根にサビ止めの下地を塗る。当時小学生だった次男もお手伝い。

トタン屋根を下塗り

アスファルトルーフィングシートを敷く

断熱効果があり、涼し気なルーフトップガーデン

ぬかるみから水を含んだ土を掘りあげる

バケツで運び、屋根にのせる

クランプで固定

モルタルと石で、屋根の周囲に土留めをつくる

②下地の上から接着剤付きのアスファルトルーフィングシートを敷きつめて、先端に雪止めクランプをつけて固定する。男性二人、女性一人で作業。朝からとりかかって、ブランチ前に終了。

③地上でモルタルを練り、バケツに入れて、ロープで持ち上げて屋根の端にのせていく。これがなかなか大変な作業。

④家の周囲から集めた石を屋根に持ち上げ、周囲をモルタルで固定する。

モルタルと石で、石組みを築く

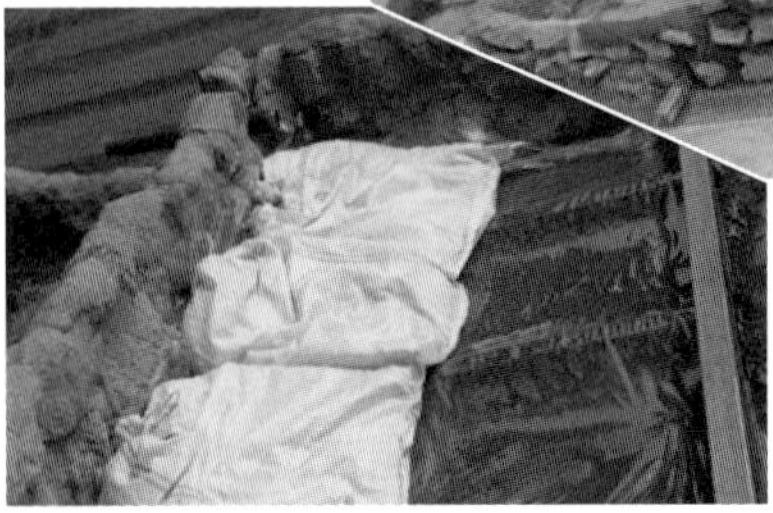

籾殻を入れた袋を並べ、その上からビニールをかぶせる

園芸用の土を入れる

⑤石組みを築いて3段の棚田も。重量を軽くするために、石組みの中に籾殻を入れた土嚢袋を並べて平らにしたあと、水が盛らないようにビニールを敷き、園芸用の土を投入する。

⑥石組みのないルーフトップガーデンには、土を敷き詰める。シャンティクティの庭にぬかるみがあるので、そこを掘って、土をバケツリレーで運び、屋根に上げて敷き詰める作業を、ひたすら繰り返す。一人でやるとメゲてしまうが、人海戦術でとりかかり、なんとか終了。

ここにライ麦や花、ハーブの種をまけば完成するはずでした。ところが……

大雨で、屋根にのせた土が一気に…

屋根の上に土をのせた3日後、大雨が降りました。すると、

「ダーーーーー！」

っと、音を立てて、せっかくのせた土が、屋根から一気に流れ落ちてしまいました。モルタルで固めた棚田は無事でしたが、ガーデンの土は流れてしまった。

水を入れ、田植えをすれば完成

みんなの苦労が一瞬にして水の泡。落ちた土砂の片づけも大変で、朋子さんには、

「だから屋根に土をのせるなんて、やめればよかったのに……」

と、叱られてしまいました。でもそこであきらめるわけにはいきません。雨が降っても、土が落ちない方法はないだろうか？

ホームセンターなどで、花苗のポットを並べて入れている、格子状のプラスチックのカゴがあります。その中に土を入れて、屋根の上に並べていくことにしました。

こうすれば、ケースの枠組みが土留めになって、雨が降っても流亡するのを防いでくれるのです。一度や二度の失敗で、くじけてはいけません。必ずつぎの道があるはずですから。

こうして、今も、シャンティクティの屋根には、草花が生い茂っています。

SUMMER

庭先の恵みで至福のブランチ

夏の庭は食材の宝庫。六つの味を摂取し、身体のバランスを整えましょう。

ニセアカシアの花いっぱいのパンケーキ

「自然から学ぶ～心地よい暮らし」の講座では、２日目のブランチを、参加者全員で手分けしてつくります。名づけて「かまどdeクッキング」。

畑の野菜や、庭の野草、ハーブが材料。アースオーブンの横にあるかまどで火を焚いて、籾殻を燃料にしたぬかくど（99頁、１０２頁～を参照）で、ご飯を炊く……。そんなすてきなブランチです。

たとえば5月のブランチ。庭の奥に、ニセアカシアの白い花が満開に咲いていました。マメ科の植物なので、スイートピーに似ていて、房になるところは藤の花のようです。花の中には、甘い蜜も入っている。これを房ごと摘んで、花だけを切り取り、米粉を溶いた生地に混ぜ、鉄板でパンケーキを焼きました。

山椒の葉を刻んで油と味噌で炒め、こんにゃくに塗れば、田楽のできあがり。庭の片隅に生えてきた、ミョウガタケやフキも、みんなご馳走です。

春は野草や山菜、初夏には木の芽や花、シャンティクティの畑と庭は、自然の恵みであふれていて、それらをいただいて、薪や籾殻を使ったかまどで料理……。動物性のものはなくても野山の恵みだけで食べごたえは十分。おなかも心もいっぱいになって、至福のときが流れていきます。

六つの味を摂り入れて心と身体を整える

そんな自然の恵みいっぱいのブランチには、ピースフード（１１０頁を参照）の思想が生きています。参加者の指導に当たるのは、アジア家庭料理研究家のミヤモトタミコさん。90年代

ブランチは、アースオーブンを使ってみんなで調理

ニセアカシアのパンケーキをつくる

②房から花を外す

③米粉を溶いた、パンケーキの生地とさっくりと混ぜ合わせる

④鉄板で焼き上げる

①5月末、ニセアカシアの花をとる

石窯で、ピザやパンを焼くことも

かまども大活躍

朴葉で餅を包んで

蒸し上げる

から毎年インドを訪れて、アーユルヴェーダの理論や薬草、マッサージを学び、アーユルヴェーダの思想で、日本の風土にもとずく食事、料理を提起しています。

アーユルヴェーダとは、「生命の叡智」という意味。自然界は、地水火風空からできていて、私たち人間もその一部という考えがもとになっています。講座では、そんな考えにもとづいて、レシピづくりも体験します。

夏にはキュウリやトマトのような身体の熱を冷ましてくれる野菜がとれ、冬には暖めてくれる根菜がとれる。季節ごとに自然界が用意してくれる食べ物は、おいしく身体のためになるようにできています。

そうした旬の野菜に調味料やスパイス、火の力を上手に使って調理していきます。調理とはまさに自然界の理《ことわり》を取り入れることにほかなりません。

アーユルヴェーダの味は、甘・苦・酸・辛・塩・渋の六つ。中国から日本へ渡った陰陽五行よりも、一つ多くなっています。この六つの味をまんべんなく摂ることで、身体や心のバランスを整えていく。それが基本です。六つの味には「冷たい性質」を持つものと、「熱い性質」を持つものがあります。

■冷たい性質の味……………………

●甘味／エネルギーを生み出して、心を落ち着かせますが、消化に時間がかかります。食べすぎると体内で停滞し、心を重くして、肥満やアトピー、皮膚疾患の原因になる。

●**苦味**／灼熱感や渇きを鎮めますが、摂りすぎると関節や皮膚を乾燥させ、痛みを引き起こします。

●**渋味**／重みと乾燥作用を持っています。組織を浄化させるはたらきを持っていますが、摂りすぎると痛みや便秘を引き起こします。

■熱い性質の味……………………

●**酸味**／発酵食品に多く含まれます。日本人は、しょう油、味噌、漬物から自然に摂り入れていますが、食べすぎると灼熱感を与え、炎症を悪化させます。

サラダの材料は、ほとんど庭や畑から

感謝の気持ちで「いただきます！」

●**塩味**／人体にとって不可欠な味。身体の水分をコントロールして、消化を推進します。摂りすぎるとイライラ感が増して、感情的になります。

●**辛味**／食欲を増し、新陳代謝を促しますが、摂りすぎると炎症や痛みを引き起こします。

日本の食材でも、たとえば味噌には「甘・酸・塩・渋」が含まれています。そこに季節の野菜や、ワカメの「苦・塩」の、ネギの「辛・甘」などを入れることで、六つの味をいただくことができる。そんな考え方です。

私たちの体は、食べ物でできています。だから、なにを食べるかはとても大切です。しかし、それ以上にどんな気持ちで食べるかが、いのちのすこやかさにとってさらに大切です。

シャンティクティの「いただきます」のあいさつは、天と地の恵みと、つくってくれた人への感謝をあらわしています。

お日さまの力と雨、風、土、微生物のはたらき、人の愛情あふれる仕事でできた食べ物を感謝していただくことが、本来の本当の自然食です。

SUMMER

ニホンミツバチを飼育する

ニホンミツバチは、環境の危機を知らせてくれる自然からの使者です。

環境変化を教えてくれるメッセンジャー

シャンティクティでは、5年ほど前から同じ池田町で長年飼育を続けている「安曇野和蜂倶楽部」の伊藤旭《けん》二《じ》さんから、巣箱のつくり方や飼育方法を学んで、ニホンミツバチを飼育しています。

ニホンミツバチは、環境の指標になる生き物です。だからまわりの環境が悪化すると、あっという間にいなくなってしまう。ダニにも弱い。炭鉱の坑夫がカナリアを飼って、酸欠を防ぐのと同じように、身近にミツバチがいることで、その環境が健全に保たれているかどうかがわかるのです。最近数が減っているのは、ネオニコチノイド系の農薬や、アカリンダニが原因といわれています。

ネオニコチノイド系農薬は、1990年代のはじめから、殺虫効果抜群の新しい農薬として普及しました。ニコチンのような神経毒で昆虫を殺すのですが、生態系や人への影響も懸念されています。水溶性なので、種子消毒や防除に使用すると、農薬が作物に浸透したまま生長することも問題です。

農薬として稲や野菜、果物に使われるだけでなく、ガーデニングや、シロアリ駆除やペットのノミとり、

7月14日。長崎の立石さんが、キャンピングカーでシャンティクティへ

ニホンミツバチを1群分けていただいた

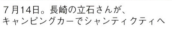

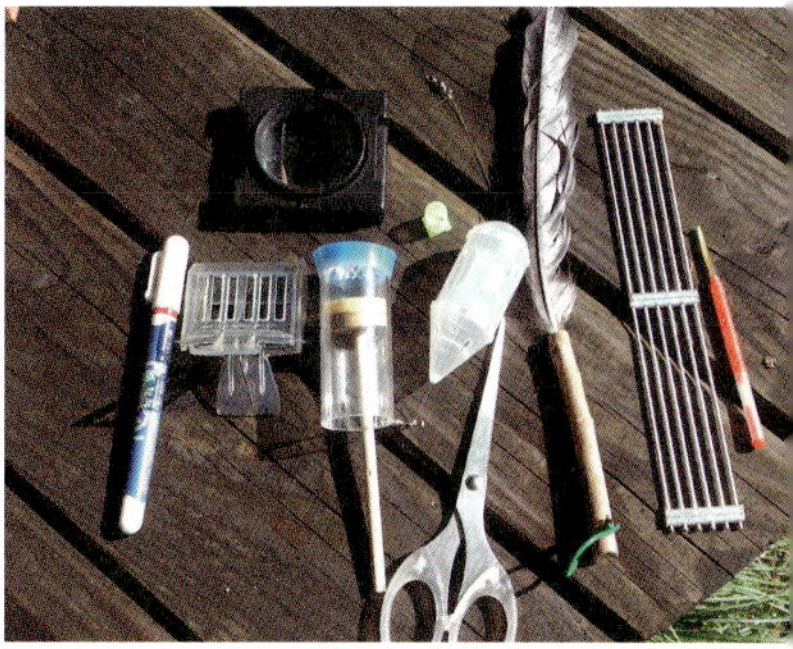

これが女王蜂の捕獲キット

殺虫剤といった形で、私たちに暮らしの中でも使われているのです。

ニホンミツバチが長崎からやってきた！

私たちもニホンミツバチを飼っていたのですが、越冬できず全滅してしまいました。巣箱を設置しても、なかなか入ってくれません。

がっかりしていた私のもとへ、2014年7月14日、「エコヴィレッジさいかい元気村」の立石靖司さんが、キャンピングカーに巣箱をのせて、やってきました。長崎県西海市で、ニホンミツバチを80余群飼っている方で、私たちに1群プレゼントしてくれたのでした。家族が増えてうれしい。本当にありがとう！

9月14日。巣枠いっぱいに巣が広がっている

体の大きな女王蜂を捕獲

女王蜂の背に、
修正液でマーキング

10月5日。撤去したミツバチが、集結蜂球をつくっていた

さあ、ミツバチのお世話が始まりました。

7月19日／巣箱の入り口である巣門《すもん》を閉めて、2㎞離れた畑へ移動。12時から16時30分まで、戻り蜂を新

竹竿に取り込み網を縛りつけて…

ミツバチを取り込む

しい女王を育てるための巣房のもとになる巣箱に取り込みます。

7月18日／王椀に卵を産んでおらず、女王蜂専用の産卵飼育場となる王台になっていません。時期を見て変成王台をつくる操作をして戻り、人工分蜂《ぶんぽう》にチャレンジする予定です。

7月20日／分蜂した群れを確認しました。

7月21日／戻り蜂を内見すると、王椀への産卵を確認。巣板によって増巣も。変成王台をつくってくれるといいのですが……。

7月22日／女王蜂の背中に、修正液で印をつけさせてもらいました。

7月24日／畑の巣箱に行ってみると、蜂が通っていません。撤去の状態。2枚巣落ち。支えの針金を早く取りすぎたのと、暑かったのが原因と思われます。分割した蜂に申し訳なかったと反省。しばらく様子を見て、分割に再チャレンジします。

8月1日／蜂たちは元気です。巣板の上に盛り上がるほど巣をつくっています。巣板が3枚くらいいっぱいになったら、人工分蜂しようと思います。

9月30日／横型の巣箱から縦型の巣箱へ。女王を確

給餌して様子を見る

3日後、巣枠に巣ができていた

認できず。死亡したか不慮の事故でいなくなった模様。巣枠を削除したので、撤去も心配。給餌をして、後日確認すると、はたらき蜂の産卵が始まっていました。

撤去した群れを取り込んで…

10月5日／うなるような羽音がするので、確認するとニホンミツバチ。飼育しているのとは別の群れ。クルミの木に集結、蜂球をつくりました。熊やハクビシン、スズメバチに襲われて撤去した蜂群のようです。竹竿に取り込み網を縛りつけて取り込みました。保護しても越冬できるかどうかわかりませんが、給餌して見守るしかありません。

10月8日／取り込んだ群れが、巣づくりを始めていました。ほっとひと安心。蜜不足なので給餌しました。これから卵を産んで羽化するまで、はたらき蜂は21日、女王蜂は16日かかります。蜂たちは、冬を迎えると女王蜂を中心に集まって、羽を震わせて室温を上げて越冬します。蜂が少ないと越冬できません。1週間ほど給餌を続けようと思います。無事、越冬できるといいのですが……。

２０１４年はいずれの巣箱も採蜜を行なわず、越冬させる予定です。ミツバチたちが、無事春を迎えられますように。「環境のバロメーター」といわれるニホンミツバチに、異変が起きているのはたしかです。

アインシュタインは、「ミツバチが絶滅したら、人類は4年で滅ぶ」と予測したそうですが、07年春までに北半球の1／4のミツバチが消滅したといわれています。レイチェル・カーソンのいう「沈黙の春」が、日々刻々と現実味を帯びていることに、危機感を感じています。

SUMMER

オンリー・ワンができる藍染め

藍の生葉は明るいブルーに、乾燥葉は深みのあるブルーに染まります。

夏は藍の生葉で布を染める

初夏になると、以前、知り合いから種をいただいて育てた藍のこぼれ種が、毎年生えてきます。ピンクの小さな花をつけて咲き誇るので、畑の彩りとしてもきれいです。

藍の葉は、見た目はグリーンですが、一枚一枚に「インディガン」という成分が含まれていて、それが空気にふれると「インディゴ」という色素に変化するそうです。

昔の人は、藍の葉の汁が布につくと、青いシミができることに気づいたのでしょう。藍染めは、そんな藍の性質を利用した、昔ながらの染色技術です。

現在、藍は世界中で染料として利用されていますが、原料になる植物は、国によって違います。ヨーロッパでは、アブラナ科のタイセイ（大青）、インドではマメ科のコマツナギ属のインドアイ、中国や日本では、タデ科のタデアイが使われてきました。日本には、古墳時代に中国から伝えられたのが始まりといわれています。

藍染めには、生の葉をそのまま使う方法と、乾燥させた葉を使う染色法があります。新鮮な生の葉を使えるのは、夏の間だけ。最もシンプルな「たたき染め」をやってみましょう。とっても簡単です。

■藍のたたき染め……

①生葉を裏返して、紙の上に置く。

②木綿の布をかぶせて、上から紙を当て、丸い石でこする。

③色素が布に移り、葉っぱの形がそのまま模様に。

夏の庭で咲き誇る藍の花

生葉のたたき染め

①紙の上に藍の生葉を裏返してのせる

②布、紙を重ね、上から丸い石でこする

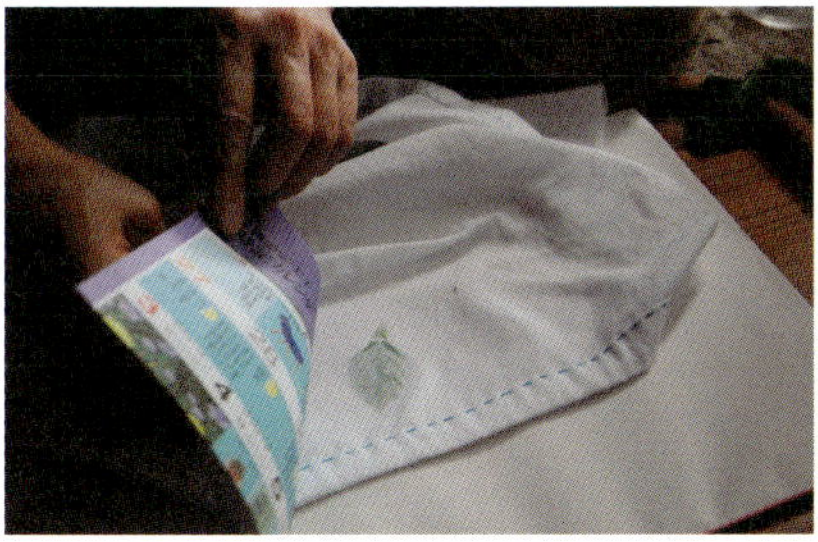

③そっと紙を外すと…

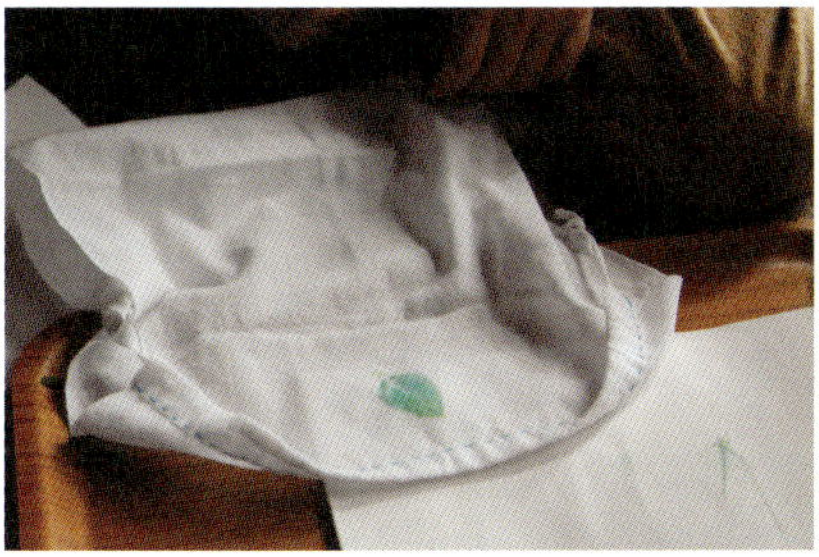

④葉の形がくっきり残っている

乾燥葉で染める

①生葉を天日で乾燥させる

②鍋に乾燥した葉を入れる

③水を入れて10～15分煮る

④布袋に入れて、漉す

⑤色い藍の雫が滴り落ちる

⑥表面に藍色の泡が立つ

④せっけんで洗った後、水洗いして乾かす。

試しにふんどし型「紐パンツ」に、生葉を3枚並べてプリントしてみました。なかなかお洒落です。ハンカチや布袋、エコバッグにも使えます。藍の生葉があれば、小さな子どもにもできる、楽しい染色です。

乾燥葉を使って さらに深い藍色に

もっと大量に藍を使って本格的に染めるには、乾燥葉を使います。夏のシャンティクティのテラスには、藍の生葉がいっぱい。水分が蒸発してくると、だんだん葉の表面に青い色素が浮き出てくるのが見えます。乾燥葉から染料にするには、長い時間をかけて発酵させなければなりません。昔の人は藍を「立てて」いましたが、今は薬品を使って、染料をつくることができます。

生葉染めが明るいブルーに染まるのに対し、乾燥葉は、深い濃紺も出せるのがポイント。より「深い青」を求めるなら、やっぱり乾燥葉です。

■乾燥葉で染める……………………………………

①ホーロー鍋（5ℓ入り）いっぱいに乾燥葉と水を入れ、10～15分煮て煮汁を捨てる。

②①の葉に水を加え、炭酸ナトリウム15g、ハイドロサルファイトナトリウム15gを入れて、ふたたび10～15分煮る。

③表面が紺色になったら煮汁を漉し、バケツに移す。

④②と③の作業を3回繰り返し、葉から色素を十分引き出す。

⑤煮汁の温度を40～45℃に保ち、布を静かに流し入れ、5分くらい浸しておく。

⑥5分後に一度取り出して広げる。黄色だった布が、空気にふれると緑、そして青へと変わる。

⑦さらに濃くしたければ、染色液に浸して広げる作業を繰り返す。

⑧好みの濃度に染まったら、水洗いして天日に干す。

■しぼり染めにも挑戦……………………………………

もう一つ、藍染めの楽しみは、染料で青く染まる部分と、染まらない白い部分を残すことで、いろいろな模様がつくれること。昔から、「しぼり」「型染め」「ろうけつ」など、いろいろな技法が編み出されてきました。

　生地を織りたたんで、ラップで防水したり。糸で縫い目をつけたり、しぼったり。大豆やビー玉を包んで周囲を糸で縛ったり。洗濯バサミや小さな万力ではさむだけでも、染めた後に外すと、楽しい模様が浮き出てきます。

　予想どおりだったり、思いも寄らない模様があらわれたり。いずれにせよ、自分で手がけたものには愛着が湧きます。藍染めで「世界に一つの手ぬぐい」をつくってみましょう。

模様染めに挑戦

縛ったり、挟んだり、どんな模様になるかな？

あちこち縛って、藍に浸けます

いろいろな模様の手ぬぐいが完成

SUMMER

梅ジュース、トマトソースがお目見え

とりきれない梅、トマトをジュースやソースなどに加工。食卓を豊かにするのに一役買います。

とりきれずに困っている梅の実をジュースに

シャンティクティには、小梅の木が2本あって、毎年6月になると、たくさん青い実をつけてくれます。自家用の梅干しやジュースをつくるなら、それで十分。夏の暑い日は畑作業の合間に、水で割って飲めば元気回復。これを薄めて、少しの塩を足しておけば、熱中症予防ドリンクにもなります。

クリスマスなどの特別な日には、ソーダ割にしてお洒落に飲みます。２０１４年は、息子の学校のイベントで、寄付を募るために出店することになり、いつもの年より大量に仕込まなければいけなくなりました。「うちの梅の木だけじゃ足りない。どこかに余ってないかな?」

と思っていた矢先、たまたま糸紡ぎのワークショップに来ていた参加者の方が、

「今、古民家を借りて住んでいるけど、大家さんの梅の木にたくさん小梅がなっているのに、とりきれずに残っているんです」

「それはもったいない」

と、みんなでカゴを持って、押しかけていきました。

すると大きなカゴいっぱいの小梅の実。その夜のうちにヘタをとって、洗ってジップロックに入れて、そのまま冷凍庫へ――。一度凍らせると、ジュースにするときに、浸透圧が高まって、早くエキスが出てくるわけです。

翌日、梅と同量のテンサイ糖を加えて、ビンに詰めて置いておけばできあがり。２週間

木に残っていた小梅を収穫

つくった梅ジュースは、大好評

庭先に残された小梅の実

出かけて行って、収穫

残った梅は、子どもたちのキャンディがわり

その日のうちにお尻をふいて、冷凍庫へ

ぐらいたって、明るい琥珀色のジュースの中に、しわしわの梅の実が沈んだら飲み頃です。もし、発酵してきたら、お酒になる前に一度梅を取り出して、煮沸して発酵を止めます。

ジュースができて、梅酒のビンから取り出した梅の実を子どもたちに渡すと、甘酸っぱいキャンディみたいで大人気。

同じ頃、「施設に入ってしまったお年寄りの庭の梅が、誰もとらずに残っているから、好きなだけ持っていっていいよ」というお話をいただいて、出かけていったので、全部で15kgほど仕込みました。

学校のイベントでは、自然の味のジュースは大人気。多額の寄付ができました。人の手が届かず、余っているものが生かされ、必要な人のもとに届く……そんな循環が、とてもうれしい梅ジュースでした。

夏の終わりに畑に残ったトマトを収穫

大玉もミニトマトもすべて摘み取る

夏のトマトはソース　そしてピューレに

夏の畑はトマトがたくさん。シャンティクティの畑は、種とりの実験農場でもあるので、ミニトマト、中玉、大玉、加工用。黄、赤、オレンジ……いろいろな色や形や大きさの、固定種のトマトが植えられています。

8月上旬、トマトがたくさんなる頃を見計らって、アースオーブンでのピザ焼きイベントを企画します。このとき畑で余っているトマトが、ピザソースの材料になるのです。

トマトには、加工用の肉厚で水分の少ない品種もありますが、うちでは食べきれないトマトはなんでもソースに。そのときに、種のまわりのゼリー状の部分を外して種とりすることも忘れません。ちょうど水分が多いところなので、煮詰める手間も省けて一石二鳥です。

刻んだトマトに、ニンニク、タマネギ、畑のローリエとオレガノを加えて、グツグツ煮て、コクを出すために味噌も少々。塩、コショウで味をととのえれば、ソースのできあがりです。

トマトの皮をむくように記したレシピもありますが、うちは野菜の皮も実も丸ごと生かす「一物全体食」なので、皮も一緒に煮て、歯触りが気になるようならミキサーにかけます。

夏も終わりに近づくと、体を冷やすトマトはだんだん体が受けつけなくなってきます。そんな季節になると、今度はトマトピューレをつくります。夏の名残りの最後のトマトを畑から集めてカット。そこに塩を入れて煮て、ビンに詰めるだけです。長く保存するには、ビンごと脱気、煮沸もしておきます。秋から冬にかけて、インド料理をつくりたいときに、重宝します。

子どもたちが小さい頃は、タマネギやスパイスを加えて煮て、トマトケチャップを手づくりしていましたが、子どもたちが成長すると、ケチャップを使う機会も減り、つくらなくなってしまいました。代わりにあっさりしていて、応用範囲の広いピューレが活躍しています。

なんでも手づくりできることは、楽しくておいしい！　大地の恵みに感謝です。

アースオーブンで焼くピザで大活躍のトマトソース

ビン詰めのトマトソースが、なぜか笑っていた

手づくりの野草茶とハーブティー

ドクダミ、ゲンノショウコ、ハーブに杜仲……庭先は野草、薬草の宝庫です。

邪魔者のドクダミもじつは「十薬」

シャンティクティの庭には、野草がいっぱい！ ただの野草と見れば、雑草にすぎないのですが、見方一つで、同じ草も「薬草」に変わります。

舎爐夢ヒュッテから、現在のシャンティクティに引っ越してきた10年前、玄関のまわりは一面ドクダミだらけでした。そこを整地して木を植えていったのですが、取っても取っても、地下茎で増えるので、手に負えません。

それでもドクダミの花は白くてきれいですし、漢方では「十薬《じゅうやく》」と呼ばれるくらい、薬効の多い草なのです。これを利用しない手はありません。葉っぱを揉んで、汁をつければ虫さされの薬に。すぐにかゆみが止まります。焼酎に漬けておけば、一年中使えます。

首まわりを毛虫に刺されて、ひどい目に遭ったときは、生の葉っぱを煮て、とろとろに煮詰めたものを患部に塗って助かりました。

春一番の花が終わり、梅雨の前にドクダミが大きくなってつぼみをつけはじめたら、まずほかの植物が負けてしまう前に刈り採って、ザルに広げて干しておきます。そうすれば、庭の手入れをしている間に、お茶ができあがるというわけです。

ドクダミは、少しだけ残して花を楽しむ

刈り取った葉は、天日干しに

匂いも気にならないドクダミ茶

庭に咲く、満開のカモミール

一輪ずつ花を摘み取る

野草茶やハーブティーで、ティータイム

杜仲の葉をとりに、ピクニック気分で遠征

つくり手がいなくても、立派に育っている

全部とってしまうと花が楽しめないので、少しだけ残しておくことも忘れません。ドクダミの花が咲いた頃にもう一度とって、梅雨の合間を縫って干します。干した葉っぱは、大きな中華鍋に入れて弱火で煎じていきます。茎はハサミで切りながら小さくカットして、香ばしい香りがするまで炒ります。このとき、よく煎じれば、あのドクダミの独特の臭みもなく、おいしく飲めるようになるのです。

番茶やハトムギ茶などと合わせれば、さらにクセがなく飲みやすくなります。

またゲンノショウコは、小さな白い花がかわいくて、胃腸の薬にもなるので干しておきます。

ここ数年は、たねカフェの仲間から、

「おじいちゃんが栽培していた杜仲《とちゅう》の木が、高齢になって刈り取れないままになっているから、みんなでとりにきてほしい」

という話があり、たくさんいただくようになりました。それで杜仲茶をつくって、飲んでいます。

そもそも杜仲は、中国原産。不老長寿の漢方薬です。秋になると、みんなで山の畑に行って、木を切り、葉っぱを集め、袋をいっぱいにして帰ってきます。杜仲の樹皮も漢方薬の原料になりますが、お茶にするのは葉っぱだけです。車で1時間かかる旧大岡村まで出かけるので、手づくりのお茶菓子、漬物、おやきを持ち寄り、ピクニック気分で作業します。

杜仲の葉は、家でしばらく天日干しした後、ドクダミ茶のように、揉みながら煎じておきます。

西洋生まれのハーブも大活躍！

西洋の野草、ハーブもまた庭にたくさんあります。カモミールは毎年こぼれ種が芽吹いて生長して、一面

現地で葉だけを刈り取る

白い花が咲き、甘い香りを放っているし、ミントやレモンバームは、庭の隅や、ルーフトップガーデンで増えつづけています。

ホーリーバジルは、インドでは「トゥルシー＝比類なきもの」と称され、神様にお供えされ、万能薬として大切にされているものです。知人からもらった種から増やして毎年、種をとって、大切に育てています。

ハーブは生葉の上からお湯を注ぐだけでもいいし、紅茶とブレンドしても、アイスティーにしてもおいしくいただけます。

それだけで飲みにくければ、リンゴジュースやオレンジジュースと半々で割って飲めば、さらにおいしくいただけます。

わざわざ買ってこなくても、庭にあるものでつくれて、健康にもなり、そして花も楽しめる。一石二鳥にも三鳥にもなる、野草茶とハーブティー。

みなさんの暮らしに、ぜひ取り入れてみてください。

SUMMER

電気を使わないシンプル冷蔵庫

天井のフタを開閉し、庫内をほどよく冷やす非電化冷蔵庫の登場です。

中には保存食や調味料を保存している

赤外線の放射冷却を利用して庫内を冷やす

シャンティクティには、キッチンの外に電気を使わずに食品を保存する「非電化冷蔵庫」があります。別名「生かそう庫」とも呼んでいます。産業廃棄物になるものも生かして使おうと、名づけました。

赤外線による放射冷却を応用して庫内の空気を冷やす仕組みで、うまく使えば電気がなくても庫内を外気温より3～5℃下げられるすぐれものです。

この冷蔵庫は、栃木県の那須で「非電化工房」を立ち上げて、電気を使わない冷蔵庫や洗濯機など、ユニークな生活用品をつくっている藤村靖之さんのアイデアを参考に、09年のワークショップのメンバーとつくりました。

中の構造は意外にシンプル。まず断熱材として壁面に畳を入れて、その上から板を打ちつけています。扉に畳を使うと重くなって開閉が大変になるので、中に籾殻を詰めています。藁と籾は、すぐれた断熱材なのです。扉を開けると、水の入ったペットボトルがズラリ。これを蓄冷体として利用するわけです。

この冷蔵庫は、輻射熱式。赤外線による放射冷却を利用した仕組みです。赤外線はあらゆるものから出ているのですが、特に温度が高く、真っ黒なものからは

非電化冷蔵庫をつくる

大量に出ます。そこで黒い金属板を放射板として冷蔵庫の上に設置し、それを空に向けておくと、放射板から一方的に赤外線が出る状態になります。赤外線もエネルギーの一種なので、放射されると熱が奪われ、放射板が冷える。そんな性質を利用しています。

非電化冷蔵庫は、日中太陽光が当たらず、夜間は空が見える屋外に設置しないといけません。また、夜空が晴れていなければ、放射冷却が進まないので、夜も

①壁面の断熱材として畳を使用する

②畳の上に下地用のガラ板を打つ

③扉は、２×４の梱包用廃材のビニールを使って籾殻を密閉

④扉を取りつける

⑤リンゴジュースの空きビンに水を入れて蓄冷体に

⑥ハンドルを縦にすると窓が開き、横にすると窓が閉まる

⑦鉄板に黒のペンキを塗り天窓に固定する

⑧冷気を取り入れる扉は、夜はあけておき、昼間は閉じる

⑨冷蔵庫上部。この部分に鉄板をかける

ハンドルで開閉。蓄冷体はペットボトルに変更

扉を閉めた状態

晴天の多い場所が望ましいようです。

この冷蔵庫の使い方は、ちょっと変わっています。夜間になって気温が下がってきたら、ハンドルを使って、冷蔵庫の上についている天井のフタをあけておきます。フタは黒い鉄板になっていて、晴れた夜にはそこから赤外線が飛び出します。このときに放射熱が奪われるので、庫内の温度が下がります。するとその冷気をペットボトルの水が蓄えるという仕組みです。

日中は上のフタを閉めておくと、中の温度が一定に保たれます。外気温がどんどん上がっても、室温は一定なので、保存食の置き場としては十分。菜食のシャンティクティでは、肉や魚、牛乳など、低温で貯蔵しなければならない食材は、あまり必要ありません。

だからこの冷蔵庫には、梅ジュースやイチゴジャム、マーマレードのビン詰めや、調味料を保存しています。また、ふだんは蓄冷材として利用しているペットボトルの水は、緊急時の飲料としても使えます。

アフリカ生まれ 植木鉢の冷蔵庫

モバイルハウス「タルタル庵」には、もう一つ別のタイプの非電化冷蔵庫があります。それは北アフリカのナイジェリアで生まれた「Zeer Pot」と呼ばれるもの。

水が乾くときに熱を奪う、気化熱の性質を利用したもので、大きさの異なる素焼きの植木鉢と、砂、そして水があればつくれます。

つくり方は、じつにシンプルです。

①大小2個の素焼きの植木鉢を用意する。
②植木鉢の底の穴をテープなどで塞いで、水や砂が入らないようにする。
③大きい鉢の底に砂を入れ、中に小さな鉢を入れたとき、同じ高さになるようにする。
④二つの鉢のすき間に、砂を入れていく。
⑤ジョウロやペットボトルを使って、すき間の砂を十分水で濡らす。
⑥内側の鉢の中に、野菜や飲み物を入れる。
⑦布や木でフタをして、冷えるのを待つ。

水が蒸発する際、内部の鉢の熱を奪っていくので、温度が下がります。

冷蔵庫のない北アフリカでは、新鮮な野菜や肉を買うために、毎日女性が市場へ出かけなければならず、それが教育を受ける時間を奪っていました。

食料を冷蔵庫である程度保存できれば、市場へ行く回数が減って、女性が学校へ行く時間も生まれるし、おなかを壊す子どもも減ります。気化熱を利用したこの小さな冷蔵庫は、北アフリカの人たちの暮らしに、おおいに役立っているようです。

電気を使わずに飲み物や野菜を冷やすのに手頃なサイズ。つくってみましょう。

気化熱を利用した、小型の非電化冷蔵庫

SUMMER

大勢でつくるアースバッグハウス

母屋の近くにたたずむホビットハウス。土と木と人のつながりでできたものです。

土と木がつくりだす曲線の美しい家

ガウディーやシュタイナーの建築物のような、美しい曲線のフォルムを持つ建築物をつくりたい。それがアースバッグハウスづくりの始まりでした。

それを可能にしてくれるのは、土を詰めた土嚢を積み上げ、建物を築く「アースバッグ工法」です。

土嚢を積み上げて構造体をつくり、土壁を塗ってつくりあげます。使用するのはすべて自然素材。保温、断熱性にすぐれ、地震に強いともいわれています。

ワークショップの講師兼棟梁をお願いしたのは、ログハウスビルダーの東稔倫《あずまみちひろ》さん。丸太と土を生かした建築物をつくる第一人者、チェーンソーワークの名人でもあります。彼が生み出す建物は、自然と一体化して、包み込まれるようなやさしさを感じさせます。

4月に木の切り出しに始まって、基礎づくり、土嚢を積んで、屋根にスパイラルガーデンを築き、壁を塗り、完成に至るまで7カ月かけてつくりあげました。

■ホビットハウスができるまで……………

ホビットハウスができるまでの主な作業工程を紹介します。

4月　敷地に生えているカラマツを切り出す。年輪は40年ぐらい。ウッドマイレージ（木材の輸送距離、および量を示すことで環境負荷をあらわす指標）ゼロの家に。

5月　カラマツを長さ４ｍに切断。チェーンソーの使い方と目立てを学び、皮むき、製材に挑戦。土嚢袋に土を詰め、アースバッグづくり。コンパネで枠を

シャンティクティの敷地のカラマツを伐採

長さ４ｍに切断。皮むき、製材にも挑戦

内部はキッズルームになっている

つくると、同時に四つ詰められる。木に絡みついていた藤づるをアーチ状に曲げて「玄関に使えるかも」。グループに分かれて建築デザイン発表。みんなのアイデアを融合させ、屋根にスパイラルガーデンのある「ホビットハウス」と名づける。

基礎に土嚢を積んで、ダンパーで打ち固める

コンパネで枠をつくり、土嚢づくり

6月　アースバッグ班と基礎の掘り下げ班に分かれて作業。60㎝基礎を掘り下げ、ぐり石を敷く。アースバッグを2段積んで、ダンパー（制振器）で打ち固める。中央に太さ30㎝、長さ2ｍの柱を立てた。

土嚢を積み上げ、窓枠の周囲はくさび型にしてセメントを混ぜた土嚢を積む。7段目完了。20人集まるとすごい。

どんどん土嚢を積み上げ13段。柱から梁をかけ、垂木《たるき》をのせ、野

中央に２ｍの柱を立てた

基礎完成！

地板を打ってアスファルトルーフィングシートを張る。屋根に土をのせる。上部の入母屋つくり。

7月　入口に藤づるを設置。窓の型枠を外し、窓枠をつくる（曲線の窓には時間がかかる）。すき間部分に、ヘンプ（麻）の断熱材を入れる。地鎮祭と上棟祭。槌打ちと餅まきを行なった。

屋根のロックスパイラルガーデンの石積み。石がどんどん積み上げられ、モルタルづくりが間に合わないほどだった。ガーデンの土入れ完了。

8月　入母屋部分の下地づくり。窓枠完成。あかり取りに福島の漁師の浮きをつける。セメントと藁で、ガーデンの通路完成。

9月　壁塗りスタート。左官の松田さんが指導。藁を切る人、土をふるう人、両方と水を混ぜて素足で練る人。25人がかりで取り組む。藁縄を下地に打ちつけて、土壁をつくっていく。

屋根部分ほぼ完成。粗壁に2層目を塗る。松田さんから漆喰について学ぶ。

10月　漆喰塗り。上塗り完成。屋根の田んぼでは稲刈り。室内の床、モルタル打ち。

11月　中の造作へ。扉、囲炉裏完成。ステンドグラスづくり。アプローチの石積み、室内にじゅうたんタイルを貼る。ようやく11月末日に完成！

建築のプロも素人も一緒に汗を流して

パーマカルチャー塾のメンバー20人でスタート。参加志望者の問い合わせが多かったので、３泊４日の集中ワークキャンプを無料で開きました。毎月人数が増えていき、20人を超えたところで案内を中止しました。

１個30kg前後のアースバッグを、全部で５００個ほど積みました。関わった人は延べ３００人。土と木と石は、現地にあるものを使っているので、費用は20万円以下でした。

参加者には建築のプロもいましたが、素人にはプロにはできない発想があり、専門家を驚かせていました。「お金という対価によって『する』のではなく、自分にできることを行なうことで人に喜んでもらえるということが本当はとってもうれしくて気持ちがいい。人と人とが出会い、なにかを一緒につくりあげるという行為は、とても楽しくてすばらしいことなのだ！という、もしかしたら当たり前のことを再確認させられて

いるからかもしれません」（参加者のわたなべさんのブログより）

　このワークショップは、東日本大震災で福島の原発事故が起きた２０１１年に開催しました。みんなそれぞれに痛みを感じながら、それでも新しい何かを創造したくて、たくさんの参加者が集まりました。そこにはたくさんの哀しみを乗り越える笑顔がありました。

　養老孟司《たけし》さんによれば、「産業革命以前の人の価値を1とすると、今はその40分の1」になっているそうです。実際、農業でもトラクターや稲刈り機にとって代わられ、人力の価値は減っています。でも、アースバッグハウスの建築には人の力のすごさを感じました。40分の1でなく、本来の価値を実感できました。そして価値以上のつながりと感動をともにできる時を持てました。

　こうして、みんなで築き上げたホビットハウスは今、シャンティクティのキッズルームとして使われています。

アースバック工法のポイント

①土嚢をどんどん積んでいく

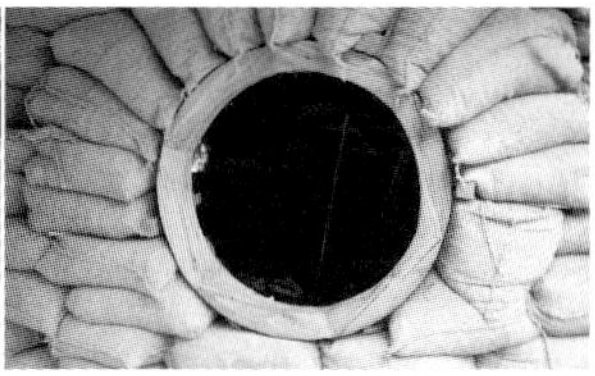
②窓の周囲は放射状に

③放射状に垂木をのせていく

④入口に藤づるを配置

⑤土と水に藁を混ぜ、壁土をつくる

⑥壁塗りスタート。２度重ね塗り

⑦表面に漆喰を塗る

⑧ホビットハウス、完成！

AUTUMN

自然のままの色を楽しむ草木染め

身近な草や花を使う草木染め。時期や媒染によって色が多彩に変わります。

土手や畑の雑草も染料の素材に

私たちの庭や畑では、できるだけ自然のままの草木を楽しむようにしています。雑草と呼ばれるものも土をつくる大切なものであり、草木染めの染料にもなります。だからあえて残しておきます。

畑のマリーゴールドは、コンパニオンプランツの役目を果たすほか、花を摘んできれいな黄色を出すこともできるのです。

毎年秋には草木染めのワークショップを開いていいます。今回は絹のスカーフや靴下をカナムグラの黄、アカソの赤に染めました。

土手を覆うクズやカナムグラは、アルミ媒染で黄〜緑色が出るし、鉄媒染ではカーキ色になります。

アカソは、染液を一晩置いて使うと、赤が強くなります。秋にはほかにも染料になるものがたくさんあります。栗のイガや、クルミの果皮は、実を食べたあとも染料として使えるすぐれものです。ともに鉄媒染でグレーを染めます。

アレチマツヨイグサは、鉄媒染できれいな紫がかったグレーが出ます。

媒染剤は、色素を繊維の仲立ちとして、発色をよくするものですが、私は家庭で気軽に使えるもの、廃液に毒性がないものということで、ミョウバンや草木灰でアルミ媒染、さびた釘を酢で煮てつくる「おはぐろ

草木染めの媒染についてレクチャー

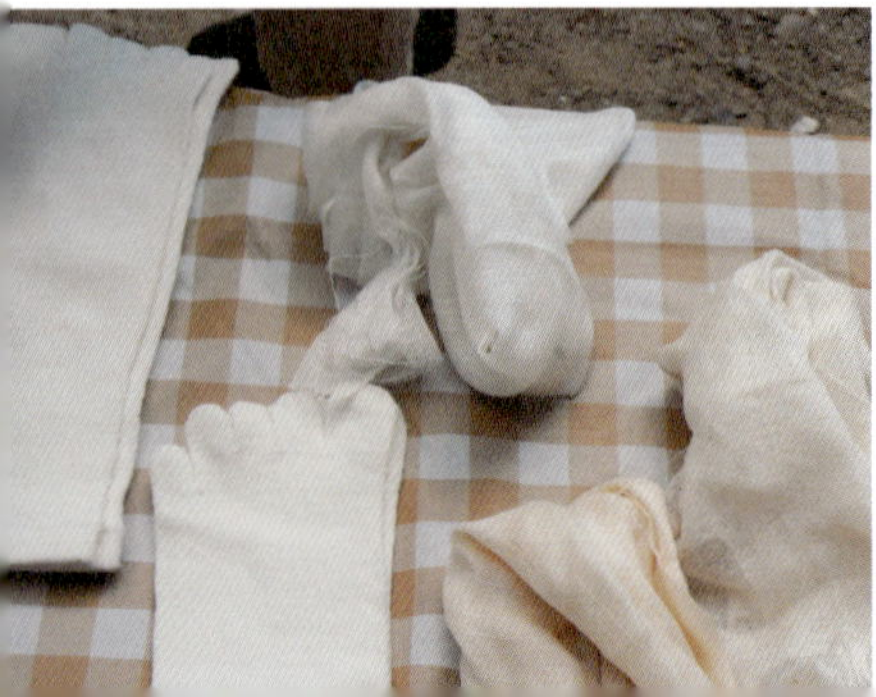

絹のマフラーと靴下をスタンバイ

天日に干し空気に当てると、色の違いが鮮明にわかる

草木染めのポイント

④染液にマフラーや靴下を浸す

③これが一番液

①アカソの葉と茎を、大きな鍋でグツグツ煮る

⑤菜箸で染液の中を動かしながら、ムラなく染める

②アカソを布袋に入れて取り出し、漉す

媒染液」で鉄媒染をするようにしています。
染料の材料には、ヨモギやゲンノショウコなど、薬草としても使えるものもあります。

アルミ媒染と鉄媒染、半分ずつ染める人も

■草木染めの手順……………

①**前処理**　染める布地の重さを計り、染料をその3倍用意する。絹はお湯で洗って糊などを落としておく。木綿は染まりやすいように、ミョウバンや豆汁など、タンニンを含んだ下地に浸しておく。

②**染料液をつくる**　鍋に植物を入れ、ひたひたの水を加えて火にかける。20分煮て、布で漉す。これが一番液。葉や茎を鍋に戻して、もう一度煮出して二番液を取る。一番と二番、両方使うことも、二番だけを使うこともある。

③**染色**　染色液に布を入れて、約20分間浸す。ときどきかき混ぜてムラのないように。布を取り出して水洗いする。

④**媒染液をつくる**　［アルミ媒染］沸騰した湯に布の6％の焼きミョウバン（アルミ）を入れて、透明になるまで溶かし、水を加える。［鉄媒染］布の3％の木酢酸鉄を、水に溶かす。

⑤**媒染液に浸す**　約10分、媒染液の中で布を動かしながら浸す。

⑥**染料液に浸す**　⑤をよく水で洗ってから、布を動かしながら、約10分、染料液に浸す。

⑦干す　よく洗って天日で干す。

カナムグラで染めた靴下。アルミ媒染は明るく、鉄媒染は渋く染まる

同じ植物でも色は変わる

一般的にアルミ媒染は染液の色を濃くし、鉄媒染はグレー系になります。また、一番液と二番液で色が変わるものがあります。二番液のほうが、植物本来の特徴的な色が出ます。

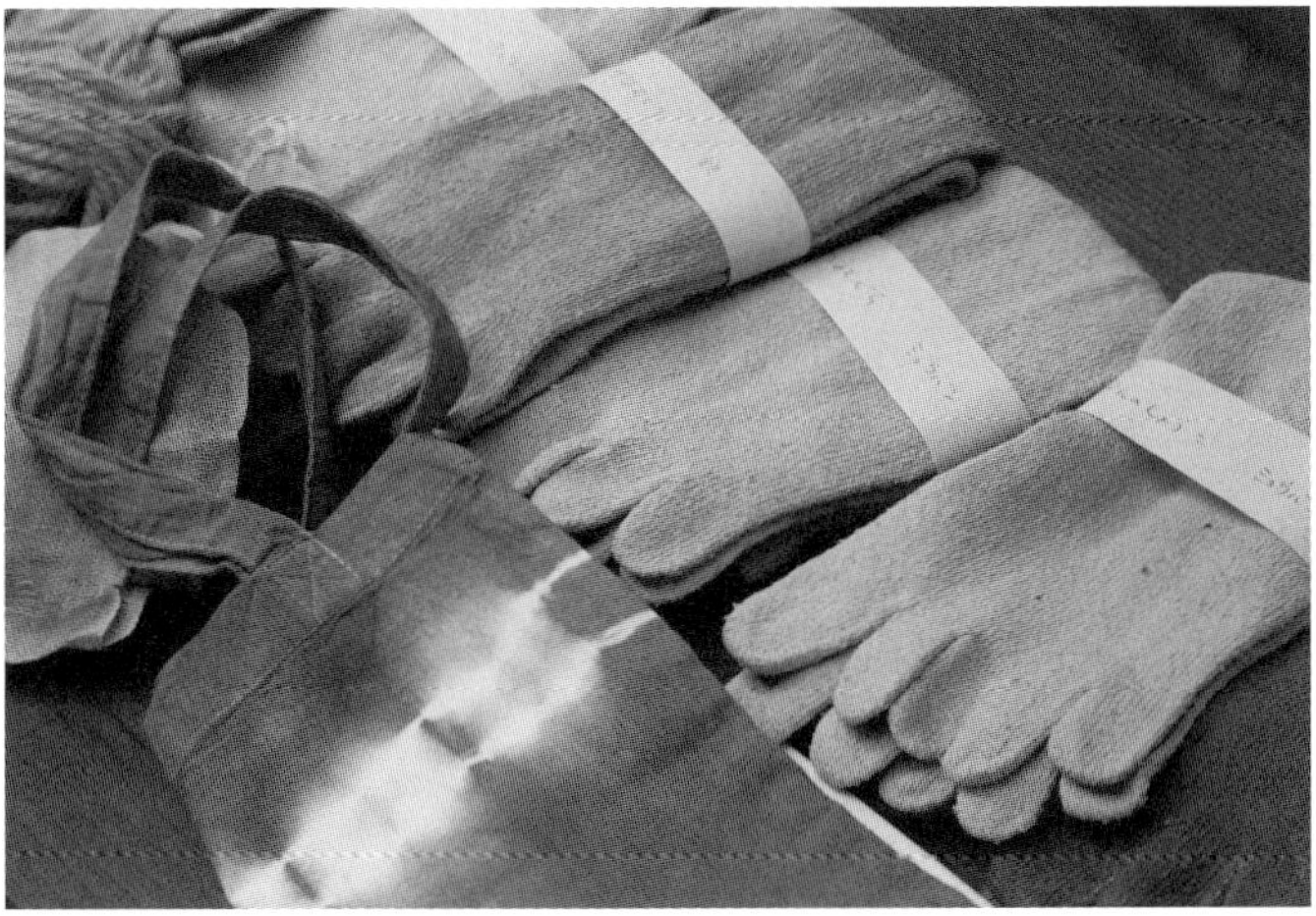

同じ植物でも、媒染によって出る色が変わる

同じ草木で染めても、季節によって、色の出方が違ったり、染めるものによっても、色が変わってきます。また、媒染剤によっても、いろいろな色が出ます。

ですから「この色に染めたい」と思っても、思いどおりにならないこともよくあります。最初から「この色に染めたい」と思うより、どんな色になるのかなと、ワクワクしながら染めるのが、草木染めを楽しむ秘訣です。

そうして色があせてきたら、また違う色を重ねて染めてみたり、シミができたら裂き織りして、グラデーションを楽しんだり。最後まで多彩な色を楽しみましょう。

AUTUMN

みんなで稲を刈り、はざ架けに

小さい手から大きな手までが鎌を握る
……手刈りの米は格別の味です。

今の稲刈りは、コンバインで一気に進めるのが当たり前になってしまいましたが、こうしてたくさんの人たちが集まって、ワイワイいいながら、収穫をする。その過程が喜びに通じるのです。

手植え＆手刈りの小さな米づくり

シャンティクティでは、毎年「田んぼの会」を開いています。一年を通して、昔ながらのやり方でお米をつくることで、自然の中での豊かな体験を伝えていきたいと考えています。

講師は池田町の田んぼで、無農薬有機栽培でお米をつくってきた矢口一成《いっせい》さん、秋吉清一郎《せいいちろう》さん。このお二人と一緒に、みんなでお米をつくります。5月には手作業で田植え、7月は田んぼの生き物調査、10月は稲刈り、11月にはとれたお米で餅搗きや藁細工を学びます。毎年親子連れの参加者が、やってきます。

10月の稲刈りは、全部手刈り。おとなも子どもも鎌を手にして、一株ずつ刈り取り、その場で藁で束ね、はざ架けにして天日で干します。

刈るぞぉー！

鎌を手にして一株ずつ刈り取っていく

子どもたちも手刈りで稲刈りに参加

足踏みの脱穀機での脱穀は、子どもにもできる

一株ずつ、藁で結束

すり鉢とガラスビンで、精米体験

はざ架けして、天日干しに

脱穀も籾すりも みんな手作業で

天日で干した稲は、昔ながらの「脱穀機」で脱穀します。足踏みのペダルを踏むとくるくると歯が回転して、籾が落ちていく。とても画期的な道具です。それが終わったら昔のような籾すりも体験。すり鉢を使って手作業で、籾殻を外します。取り出した玄米を空きビンに入れ、棒で搗いて精米。昔はみんなこうしてお米を取り出していたんですね。子どもはもちろん、親の世代でも「映画でしか見たことがない」作業だと思います。

脱穀したお米は、唐箕《とうみ》で風を送って、殻やゴミを飛ばします。くるくる回る唐箕に、子どもたちは、興味津々。

唐箕を回して、籾殻を飛ばす

みんなで搗いたお餅を「いただきます」

そうして取り出したお米を蒸して、臼と杵でお餅搗き。何もかも大型化、機械化されている現代では、日々当たり前のように口にしているお米が、こうした作業を経てようやく味わえることが、見えなくなっています。田植えから稲刈り、脱穀、籾すりまで、おとなも子どもたちも、自分で育てるお米に、何度も手をかけて、ようやくいただくことができるのです。

大地の恵みとつくってくれた人に感謝して、お餅をいただいたあとは、育てた藁で正月飾りをつくります。一年を通して、家族や仲間と一緒に、一枚の田んぼで米づくりを体験すると、食の大切さはもちろん、土に根ざした生き方、暮らし方の大切さが見えてきます。

小さな田んぼの 小さな農業が増えている

収穫した藁で、藁細工にも挑戦

今の日本では、稲作だけで食べていこうとすると、一軒で何十町歩もつくらなければなりません。田植えも稲刈りも、大型機械を使って一人ですべてやる時代になってしまいました。でも、大規模な稲作は、機械が壊れてしまったら、もうお手上げ。そこへいくと、都会から安曇野周辺に移り住み、米づくりをやっている人たちは、みんな小さな田んぼで、手植えと手刈りで栽培しています。

1反（10ａ）の田んぼで6俵（360kg）とれれば、家族全員十分食べられます。お米は、一粒が3000倍になります。小麦は300倍です。そして連作障害がない。それは水が、山の豊かな有機質を含んで流れてくるから。本当にありがたい作物です。

ロシアの家庭菜園＝ダーチャのように、ベースに農的な暮らしがあって、いろいろなことをやっていくほうがいい。私たちが暮らす安曇野周辺でも、そんなふうに「小さな農業」を始めようとしている人が、じわじわ増えているのは、とても望ましいことだと思っています。

AUTUMN

一台で何役もこなすアースオーブン

ピザやパンを焼き、ご飯も炊けます。大地から生まれたアースオーブンです。

木、石、砂、土　材料はすべて大地から

２００８年、シャンティクティのパーマカルチャー講座のワークショップで、アースオーブンをつくりました。これはまさに未来型のシステムキッチン。水道、流し、かまど、オーブン、燻製機、温水器、蒸し器、ダッチオーブン、木酢液採取、雨水利用……。すべてを備えた多目的型キッチンです。

建物の材料は、この土地に生えていた唐松を使いました。屋根は、失われた緑を復元しようと、草屋根＝ルーフトップガーデンになっています。名づけて「ぐるぐるぐりる森の縁がわ」。材料は、すべて大地からいただきました。そしてすべて大地に返ります。

５月から８月までは、土台と屋根づくり。１年前に切り出した唐松の皮をはいだり、それぞれの木に「どの材になりたいか」を聞いて、墨付けをしたり、刻みを入れたり。型枠を組んで、基礎をつくって、コンクリートを流し込んだり。

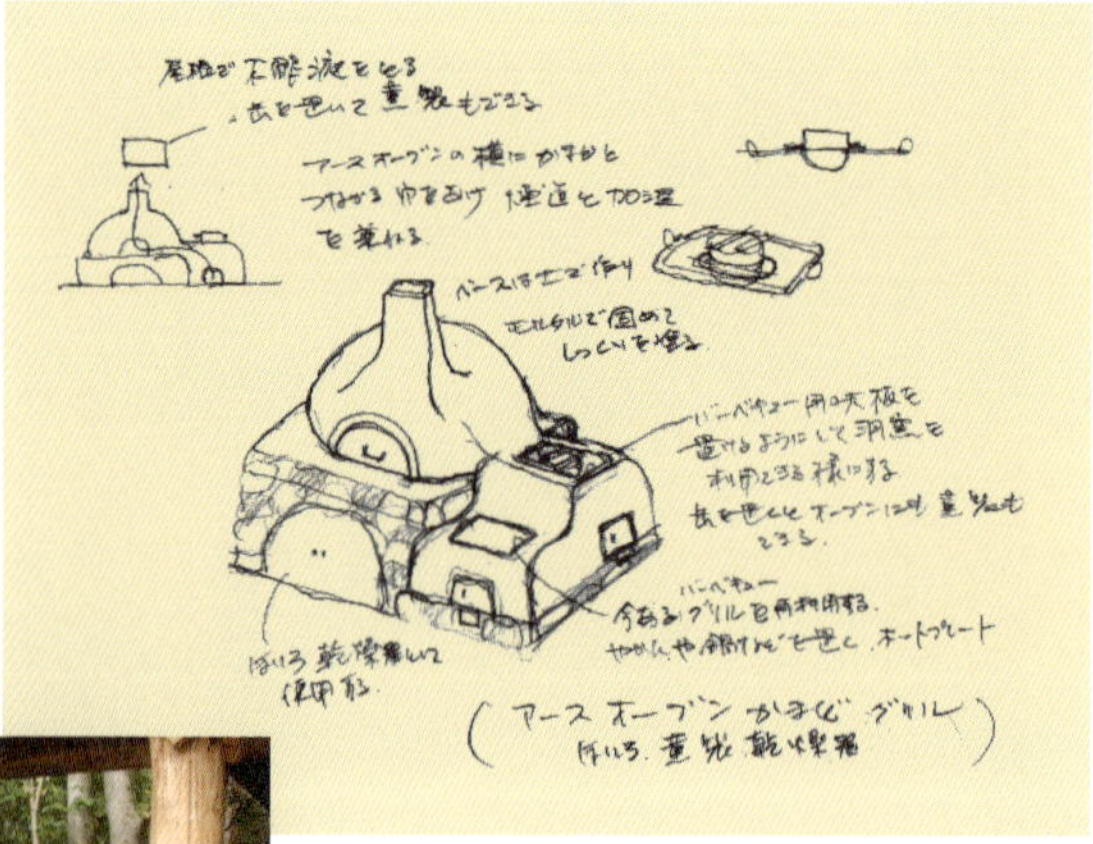

アースオーブンの構想

9月15日、基礎の型枠づくり

アースオーブンづくりの手順

①9月28日、砂とセメントを混ぜてモルタルづくり

②型枠に沿って、モルタルと石を積み上げていく

③10月23日、かまどからオーブンへ通じる煙道をつくる

④シート全体をひっくり返して、粘土をこねる

⑤10月26日、砂山の周囲を粘土でかためる

⑥焚き口を切り取った粘土で、煙道をつくる

⑦11月23日、藁を入れた粘土を上から重ね塗り

⑧かたつむりの模様を描いて、完成！

柱を立てて、梁を渡し、棟木《むなぎ》をのせて上棟祭。参加者はみんな、本物の大工さながらの仕事ぶりでした。

オーブン&かまど 多機能型のキッチン

9月に入って、いよいよオーブンづくりに入りました。大峰高原の道路沿いで、軽トラック4台分の石を拾って材料にします。木材でかまぼこ型の型をつくり、その周囲に石とモルタルを積んでいきます。左右対称になるように。上部のモルタルを平らにならして乾燥させます。

オーブンの隣には、2基のかまどを設置。こちらも、石と粘土と藁を混ぜたモルタルを積み重ねてつくります。ご飯を炊く羽釜がのるように、金属の釜輪をのせて、周囲を粘土で塗り固めます。オーブンとの間に煙道が通じたことで、双方の加温効果も生まれました。

10月は、オーブンの本体づくり。一輪車で砂を運んで、オーブンの上にドーム型の丸い砂山を築きます。オーブン本体の材料は、粘土。シートの上に、粘土と砂と藁を1：1：1の割合でのせ、全体をひっくり返しながら混ぜていきます。粘土だけのほうが強いのですが、乾くと縮んでひび割れてしまいます。そこに砂を入れることで、ひび割れを防ぐのです。これをレンガのような四角形に成型して、砂山の丸みに沿って積んで、伸ばしていきます。

ドーム全体を粘土で覆ったら、焚き口部分をアーチ型に切り取り、その粘土で煙道をつくります。屋根にも土をのせて、ルーフトップガーデンに。ハーブやカモミール、ワイルドストロベリーの苗は、すべてシャンティクティの庭から移植しました。

11月。中の砂をかき出して、補修しながら2層目の粘土を塗ります。2層目の粘土には、藁と砂を混ぜてこねます。砂はオーブンのドームで使ったものを流用し、藁は、ひび割れを防ぐつなぎ役になります。こうして周囲を粘土やビー玉で、思い思いに飾りつけして、世界に一つだけのアースオーブンができました。ここまでの工程でかかった費用は、11万円ほどでした。

12月。初めてオーブンに火が入りました。中の温度が３００℃になったら、ピザの生地を入れて焼きます。そして舎爐夢ヒュッテのスタッフ岡リエさんがや

パンやピザも焼ける、多機能型オーブン

かまどでご飯を炊く

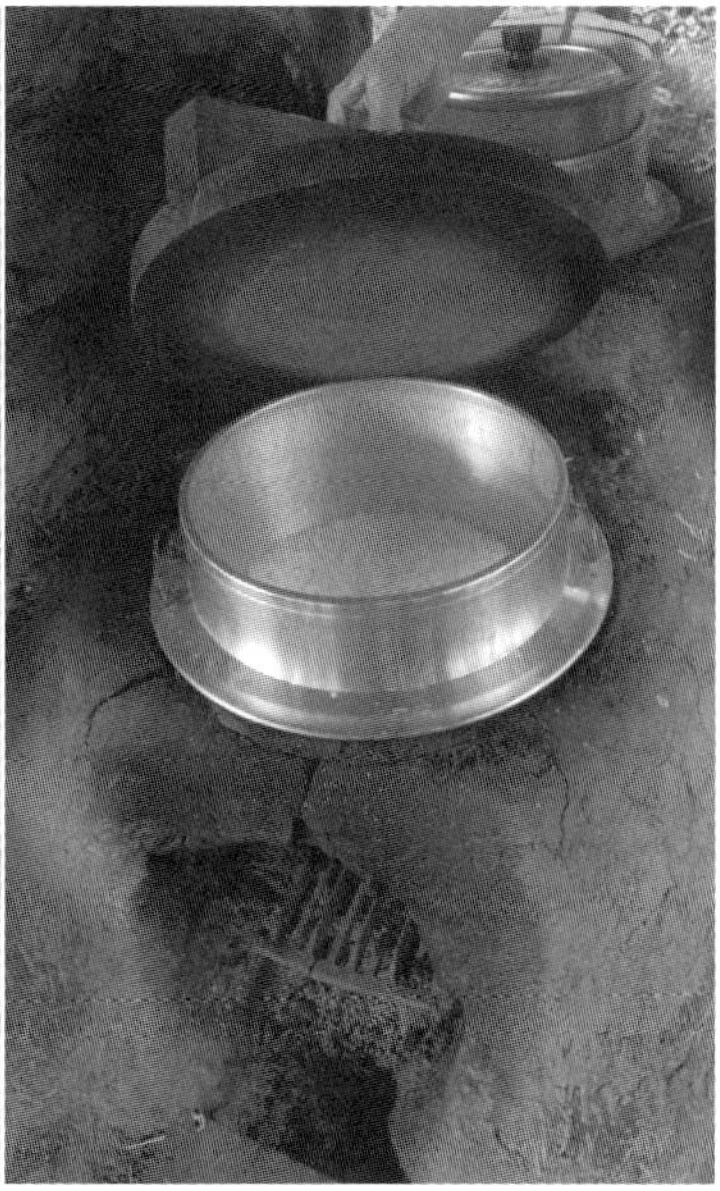

ってきて、パンも焼いてくれました。土と粘土に蓄熱させて、徐々に温度が下がってくる、そのタイミングに合わせて生地を入れていくのです。

その後、このアースオーブンには改良を重ねて雨水を利用した雨水タンクや水道、植木鉢や金だらいを使った流し場もできました。廃熱でお湯も沸かせます。土台のかまぼこ型の空間は、薪置き場やパン用のホイロ（生地を発酵させるときに用いる保温装置）や乾燥室としても使えます。

煙道の上には、ペール缶（オイル缶）で燻製室をつくりました。煙は樋を伝って冷却され、木酢液も採取できます。

また、「うちにも欲しい」「つくりたい」という声も多く、あちこちに出向いて、合宿のワークショップ方式でアースオーブンを築いています。

２０１４年は埼玉県の小川町や伊豆でもつくりました。土や石は、その場にあるものを使います。一度つくったことのある人が一人いれば、素人集団でも大丈夫。一台で何役もこなせるアースオーブンは今、シャンティクティのブランチで大活躍しています。

たねバンクは分かち合いが基本

とんがり屋根の種ハウス。ここには在来種や固定種の野菜の種が、200種余り集まっています。

きっかけはバングラデシュの旅

シャンティクティの一角に、とんがり帽子のような屋根の建物「種ハウス」があります。ここが「安曇野たねバンク」となっており、らせん状の階段と棚には、各地から寄せられた在来種の種が入ったビンや封筒が、たくさん並んでいます。

「たねバンク」の始まりは、2012年の冬。私たち夫婦と、20年前までバングラデシュで有機農業の指導をしていた村上真平さんとで、「ぬかくど」(99頁、102頁を参照)づくりを紹介しようと、現地を訪れたときのことでした。

バングラデシュでは、「緑の革命」以来、F_1の種、化学肥料や農薬漬けになっていた農業から、有機無農薬農業への転換をはかる「ノヤクリシー」というムーブメントが起きていました。

その中の一つに「シードバンク」がありました。それは、代々受け継いだ種を洪水で流されてしまった村に、ほかの村が種を貸したことが始まりです。

とんがり屋根の種ハウスは、パーマカルチャー塾の受講生たちの作品

らせん階段のまわりに、
種の入ったガラスビンが並んでいる

種を整理する臼井朋子さん

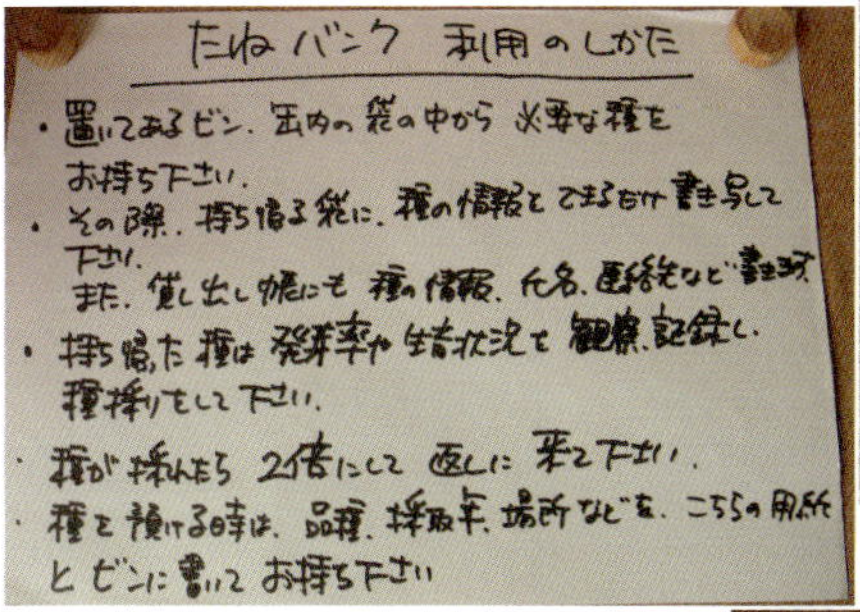

たねバンクの利用者心得

壁面にも種をあしらう

フダンソウの種

種類ごとに区分けして整理

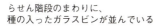

緑の革命以前のバングラデシュには、水の深い田んぼでも、ちゃんと丈が伸びて水面の上に穂ができる米、ポップコーンのように膨らんで弾けるお菓子用の米、米粉用や香り米など、多様な米の品種があって、季節や用途に応じて栽培されていました。

ところが、緑の革命で収量の高いハイブリッド米が席巻。個々に受け継がれていた、在来種が消え去りそうになっていたのです。そんな中で、失われかけた種

バングラデシュでシードバンク訪問の臼井夫妻

を集め、貸し出すシードバンクが始まりました。

活動の拠点の施設では、在来種の米が1000種以上。国内に55ものシードバンクがあるそうです。

そこには豆や野菜の種が保管されています。これを農民に貸し出して、収穫物が得られたら2倍にして返す。そんなシステムが生まれていました。

私たちが訪れたタンガイルという小さな村にも、シードバンクがありました。種を管理しているのは、村の女性たち。代表の女性は助産師さんでもありました。

「種を守るのは、女性の仕事。一人ではできないから、村の女性たち12人でやっています」と話していました。また、子どもたちにも手伝わせて、種の大切さを伝えているそうです。現地では種を素焼きのビンに入れて、大切に保存していました。

貸し出した種が2倍になって里帰り

日本に帰り、「安曇野たねバンクプロジェクト」をスタートしました。これはバングラデシュのやり方を見習って、集めた種を有志で管理し、希望者に貸し出

天王寺カブがルーツの野沢菜

模様がユニークな穂高インゲン

し、2倍にして返すというシステムです。私たちはお金で種を取り引きせず、自然界と同じように分け合い、与え合うシステムを築いていきたいと考えています。

　種を保管しているのは、この年のパーマカルチャー塾の建築実習として、みんなでつくったアースバッグの種ハウスです。畳や籾殻を断熱材として使用し、種を並べる棚がたくさんつくれるように、らせん状の階段をつけ、軒下には種を乾燥できるスペースを設けて、地下には芋類を保存できるよう、室《むろ》もつくりました。

　また、シャンティクティでは、種まきから野菜づくり、種とりまでを学べるワークショップも開いています。「田んぼの会」では、長野県在来の古代米である白毛《しらけ》餅を栽培。みんなで餅搗きをして、伝統種の味わいを楽しんでいます。

　今では約200種の在来種、固定種の種子が集まりました。中には「嫁入りのときに持たせてもらった豆で、ずっと種とりしています」というおばあさんや、「嫁入りのときから育てているモチモロコシがおいしいので、孫のために育てています」という方もいます。定期的に開いている「たねカフェ」を通じて、参加者が好みの種を持ち帰り、それぞれの畑で栽培。野菜や豆、種になって「里帰り」しています。

　種とりをしてみると、種の交雑をいかに防ぐかなど、課題もいろいろありますが、日本にも小さくても意義のあるシードバンクが各地にできています。そことつながりながら、持続可能な農業とともに歩んでいきたいと考えています。

AUTUMN

リンゴジャムとたくあん漬けの知恵

リンゴジャムとたくあん漬けには、ここ信州の長い冬を乗りきる暮らしの知恵が生きています。

砂糖を使わず塩だけで味がいきいき

信州といえばリンゴです。近くに有機減農薬栽培に取り組んでいるリンゴ農家の方が数人いて、そこから分けていただくようになりました。

農家では傷のついたものや形の悪いもの、保存する間に傷んだものなどを、ジュース用のリンゴも、ジュースにして出荷しているのですが、ジュース用のリンゴも、十分すぎるほどおいしいので、コンテナごと安く買ってきて、ジャムにしています。

マクロビオティック（食養などをもとにした生き方）の先生に、「塩煮リンゴ」のつくり方を教わってからは、砂糖を入れず、塩で煮ただけのリンゴの甘味に魅了され、ジャムにも砂糖を入れずに、塩だけでつくっています。

リンゴはせっかく自分の甘味を持っているのに、砂糖を入れると、砂糖の甘味に染まってしまい、本来の味が消されてしまうように思います。とはいえ何も入れないと、甘味も感じられず、ボケた味になってしまうのです。ところが塩を少し入れるだけで、甘味が引き出され、リンゴの味がいきいきと感じられるから不思議。味見したとき、「しょっぱすぎず、甘味を感じるくらい」の塩加減で、「リンゴ1個に小さじ4分の

朝食のお供やデザートに

生地に混ぜ込んで、ケーキに

リンゴジャムのつくり方

①低農薬栽培のジュース用リンゴを使用

②専用の皮むき器で、くるくると……

③角切りにして鍋に入れ、塩をふる

④ダルマストーブにかけて、コトコト煮込む

⑤ビンも一緒に煮沸消毒

⑥脱気してフタを閉める

1杯」が目安です。

リンゴに切れ目を入れて塩をふり、丸ごとオーブンに入れて焼くだけでもおいしいものです。

ジャムをつくるときは、減農薬栽培のリンゴなので、皮をむかなくてもいいかなと思うのですが、やはり気になるので、まずは皮むき。リンゴのまわりを刃がくるくる回るすぐれものの皮むき器を使って、皮をとります。傷リンゴは、ときどき器械に合わなくなるので大変です。

皮がとれたら、八つ割にして、ひたすら薄くスライス。単純作業はみんなでワイワイやるか、ひたすら瞑想的にやるか、どちらかに限ります。

塩をまぶして弱火にかけると、しだいに水が上がってきて、鍋がぶくぶくいってきます。あとは焦げないように煮詰めていくだけです。

ショウガのすりおろしやレモンを入れて、おとなの味に仕上げてもよし、レモンを足してさっぱり味にしてもよいでしょう。

ビンに詰め、脱気、消毒したものは、一年間朝食のパンのお供やデザートの材料に使えます。そのまま凍らせてシャーベットやスムージー（果物などに氷片を加え、シェークのような滑らかな飲み心地にしたジュース）に。生地に混ぜ込んで焼けば、しっとりした甘いケーキになります。

砂糖を入れていないので、一度ビンの封をあけると、すぐに発酵してきます。あけたらすぐ、使い切るようにしてください。

早く食べる分と長期保存用2種類漬け分ける

信州の冬。畑は雪の中となり、なにもとれなくなるので、お漬物が大活躍します。12月のはじめ、まず野沢菜の「切り漬け」を漬けます。これは早く食べる分で、酢、みりん、しょう油を煮立たせた汁に漬けておくだけ。

もっと寒くなってきたら、長期保存用の「本漬け」を、塩を強くして漬けておきます。冬のあいだ、毎日の食卓はもちろん、お茶の時間にも登場します。

大根も早く食べる分と、長期保存用を分けて漬けます。早く漬かるのは、酢と砂糖、塩に漬け込んだ「酢大根」。漬け込んで、3日目ぐらいから食べはじめ、1カ月ぐらいで食べ切ります。

これが信州の「かた大根」

仲間たちと大根を収穫

野沢菜は、葉を刻んで切り漬けに

長期保存用のたくあん漬けの大根は、11月頃に干して、ぬかと塩と砂糖、柿の皮やナスの葉、トウガラシなどと一緒に漬け込みます。ナスの葉はこちらでは普通に直売所に並んでいるし、柿の皮は干し柿をつくるときにとっておけばいい。こちらは酢大根を食べ終わった頃、やっと食べられるようになります。

たくあん用の大根は2種類用意します。青首のような長い普通の大根と、この辺では「牧《まき》大根」や「かた大根」と呼ばれるもの。辛味が強く身がしまっていて、水分が少ない。お尻が丸く、よく太った大根です。

長いほうは、水分が多く、早く漬かるのですが、その分傷みやすいので、1~3月の間に食べてしまうのに対し、かた大根は1年間もちます。

春先、発酵が進んで酸っぱくなってきたら、野沢菜もたくあんも、小さく刻んで油炒めにすると、これがまた美味！　ご飯のおかずに最高です。

今では、スーパーに行けば、冬のあいだも、どんな野菜でも手に入りますが、やはり昔の人の保存食の知恵には、すばらしいものがあります。

AUTUMN

自然エネルギーの活用術

太陽の光線、雨、風、落ち葉……自然からの贈り物を
自然エネルギーとして、あの手この手でフル活用。

断熱材としての籾殻、古畳、藁

種ハウスの壁は、産業廃棄物になった古畳を切りって積み上げて築きました。そうすることで、断熱効果が生まれています。また、キッチンの外にある非電化冷蔵庫の壁も古畳を活用し、扉の中には籾殻を入れて断熱効果を高めています。

シャンティクティの玄関の入口は、藁のブロックを重ねたストローベールハウス。稲作文化がもたらす籾、藁、そして古畳は、すばらしい建材であり、断熱材なのです。

ソーラークッカー

一時は太陽熱で調理するソーラークッカーを自分でつくろうと思っていましたが、あまりにもよくできている既製品があったので、購入しました。晴れていれば、15分で湯を沸かし、インスタントラーメンも食べられるすぐれものです。

パッシブソーラー

パッシブソーラーとは、太陽光パネルなどの装置を使わずに、直接太陽熱を活用する方法。ガーデンハウスの温室には床にパイプが埋めてあり、1本は黒く塗られ、別の1本は断熱されています。日が当たると上昇気流が生まれて床に蓄熱。夜は放熱して温室内の温度を保ちます。

ソーラーチムニー

コンポストトイレの臭気抜きに、黒い煙突を利用しています。太陽が当たると内部の温度が上がり、外気温との差が生じ、上昇気流が生まれます。こうして臭気を排出できる。これを「ソーラーチムニー」と呼んでいます。

クールチューブ

アースバッグハウスの周囲には、パイプを埋めて空気を循環させています。パソコンの熱を逃がすための小さなファンを1個つけて循環させれば、夏のあいだ室内の冷房が可能に。周囲を土嚢の壁に囲まれているので、土蔵のように夏は涼しく、冬暖かい建物です。

踏み込み温床

春になると、温室の中に踏み込み温床をつくります。それは木製の箱の中に、藁、落ち葉、米ぬかを順番

藁、落ち葉、ぬかを重ねて
つくる、踏み込み温床

シャンティクティの玄関は、藁と土、そして漆喰でできている

ティピにビニールを巻けば、温室に早変わり

太陽熱を集めるソーラークッカー

に重ねて水をまいて発酵させ、発酵熱を利用して温床に。春の苗床などに利用しています。

ティピ温室（グリーンハウス）

野菜苗の鉢上げをすると、どうしてもスペースが足りなくなってしまいます。そんなとき、ガーデンに建てたティピにビニールを巻いて温室をつくります。5月上旬になり、霜が降りなくなったらビニールをはがしてインゲンやキュウリなど、つる性の野菜を植えます。毎年とても重宝しています。

ぬかくど

水田から毎年大量に排出される籾殻は、そのままではうまく燃えません。かまどの中に内筒をつくり、空気が流れるようにすると、うまく着火して燃え出します。それが「ぬかくど」と呼ばれる燃料コンロ。ペール缶の中にトマト缶を設置して、適度に穴をあければ、無料でつくることができます（102頁を参照）。

非電化冷蔵庫

素焼きの植木鉢を二重にして間に砂を入れ、そこへ水を垂らせば、気化熱で内側の植木鉢の中は2～3℃冷えます。インドでは水が素焼きのビンで売られていました。そんな気化熱の原理を利用しているのです。

日時計

日時計くらいの感覚で、いつも時間に追われずに暮らせるようにしたいものです。

ソーラー発電

最近は売電目的のメガソーラーを、よく見かけるようになってきました。その電気の買い取り代は電力会社ではなく、一般消費者が支払うシステムです。

森を削ってソーラーパネルを並べるのは、エネルギー効率が悪いだけでなく、景観も損ねます。シャンティクティでは、大きなシステムではなく、小さな独立型のソーラーパネルを設置。生まれた電気をバッテリーに蓄電して利用しています。

ガーデンハウスやモバイルハウス（106頁を参照）の電気は、それで十分まかなえます。

ソーラーコンセント

プラスチックの工具箱でモバイルソーラーバッテリーをつくりました。軽トラックに小さなソーラーパネルをのせて走れば、携帯電話の充電に重宝しますし、車のバッテリーが上がったときに緊急用の予備としても使えます。製作費は約1万円。2時間ほどで20Wのソーラー発電装置をつくりました。

フル充電でLED電球（12V、5W）48時間。ノートパソコン（30W）なら、6時間くらい稼働できます。放電後、フル充電まで要する時間は、晴天時で4時間ほどです。

薪ストーブの床暖房

床暖房は、頭寒足熱の暖房が可能です。床暖房はとても高価なものに感じますが、自分でつくると、とても安くできます。

薪ストーブの上で沸かしたお湯を、床に送り込めばいいのです。モルタル面を温水チューブで暖めて、小さなポンプを取りつければ完成。ローテクの薪ストーブとの組み合わせが気に入っています。

屋根散水システム

打ち水のように屋根に散水します。晴れた日が続くと、水やりも必要です。気化熱を奪い、屋根が涼しくなります。

ルーフトップガーデン

屋根は一番あいているスペースです。ここに土を盛り野菜を育てたりハーブを植えたり、失われた緑の復元と断熱効果が期待できます。

わが家は森の中にあるのですが、一番日の当たる場所に棚田をつくっても、夏のあいだ葉が繁り、お米がうまくできませんでした。ところが、屋根の上に棚田をつくったら、見事に収穫できました。「棚田百選」に応募したい気分です。

段ボールコンポストの大型版

生ゴミはとても有効な資源です。畑に返したり、コンポストで発酵さ

野菜やハーブを育て、断熱効果も期待できるルーフトップガーデン

モバイルハウスの蓄電システム

がっしりした石積みのコンポスト

20Wのソーラー発電システム。ソーラーパネルを軽トラの上に設置できる

アーユルヴェーダにもとづいた日時計。一日の過ごし方が記されている

風も大切な自然エネルギー

ガーデンハウスの屋根にソーラーパネルを設置

せて、堆肥として利用することもできます。本書では、段ボールでのつくり方を紹介していますが、シャンティクティでは、石を積んで、台所のコンポストをつくりました。

廃油ストーブ

以前は、天ぷら油の廃油で走る車に凝っていました。でも、冬になって気温が下がると、油の粘度が高くなり、流動性が悪くなってしまいます。トラブルの原因になるので、冬のあいだは廃油を燃料として活用しています。自然吸気型の廃油ストーブです。

風力発電

風力も自然からの大切な贈り物。わが家では、小さな発電機を設置しています。時折吹く風も、蓄電に役立っています。

AUTUMN

ぬかくどをつくり、ご飯を炊く

籾殻を燃料にしてご飯を炊くぬかくど。空き缶などを再利用してつくれます。

産業廃棄物として、大量に籾殻が排出される日本はもちろん、お米を主食としているアジアの国々で有効に活用されることを夢見て、いつでも、どこでも、誰にでもつくれる「ぬかくど」を、形にしたいと思いました。

材料は20ℓ入りのペール缶（オイル缶）。カー用品店やガソリンスタンドへ行けば、無料でもらえます。中に入れる燃焼筒には、業務用のトマトケチャップの空き缶を再利用。実験と試行錯誤を繰り返して、ようやく現在の形になりました。

■ぬかくどのつくり方……………

①あらかじめ型紙をつくり、大小の空き缶に穴をあける場所に印をつけておく。

②型紙の印どおりに、大小の缶に穴をあける（穴の大きさは10㎜、20㎜、33㎜の3種類）。

③大きい缶の底に、空気を取り入れるために、水道管を固定するグリップを3カ所タッピングビスで取りつける。レンガや石を置いてもよい。

今、見直される安曇野生まれのぬかくど

安曇野には「ぬかくど」と呼ばれるかまどがあります。籾殻を燃料として火をおこし、ご飯を炊くもので、昭和20～30年代にはかなり普及していたのですが、ガス釜や電気炊飯器の登場によって、姿を消してしまいました。

それでも「ご飯がおいしく炊ける」「電気やガスを使わない」「籾殻は無料で大量に手に入る」「災害時にも使える」などの理由で、多方面から見直されているのです。

昔使われていたのと同じものを購入するのではなく、なんとか身近な材料を使って、自力でつくれないだろうかと考え、「ぬかくど」づくりにチャレンジしました。

燃焼筒の底に、放射状に穴をあける

炊飯中のぬかくどは、金だらいの上に
設置すると安全

●ペール缶ぬかくど8型

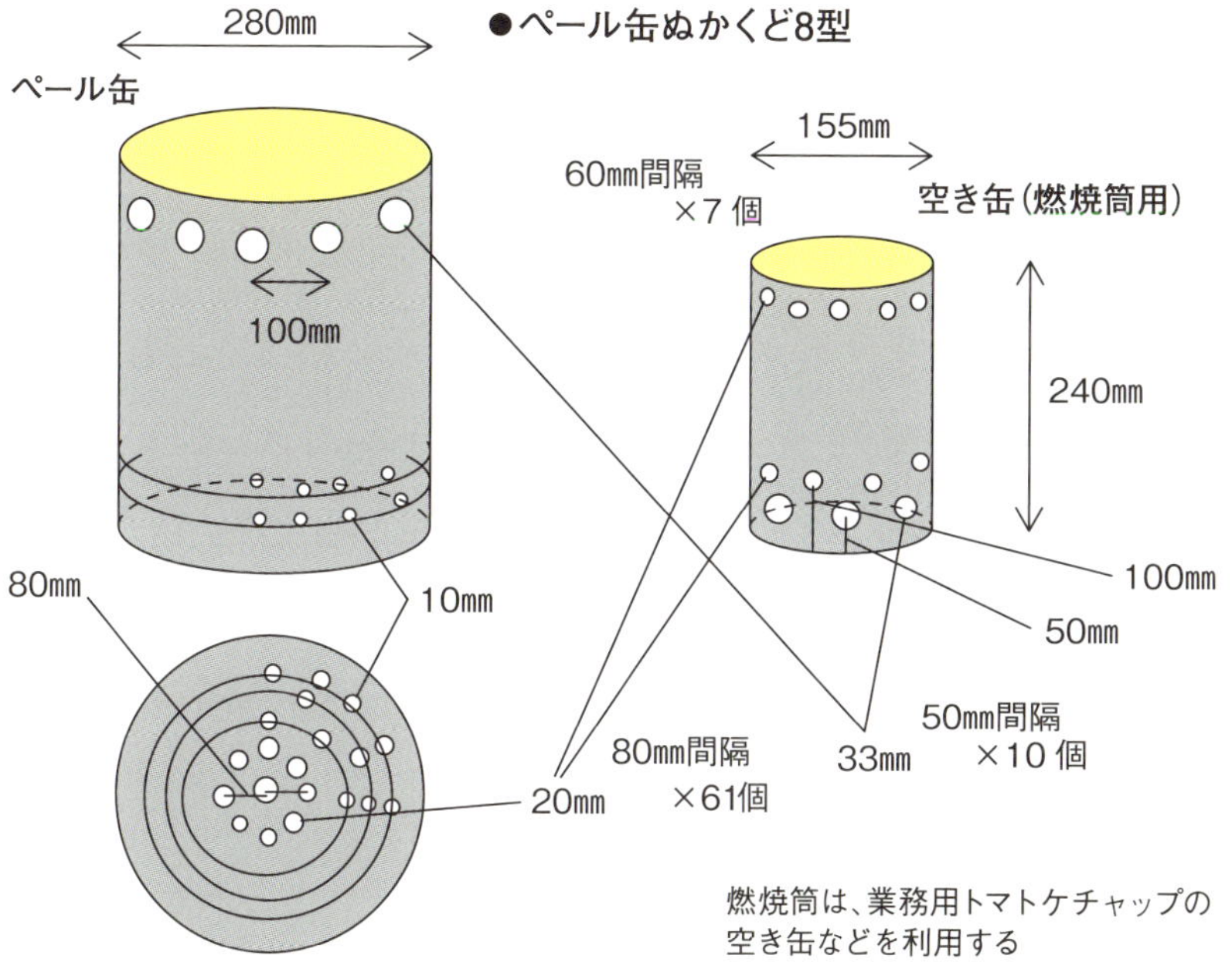

燃焼筒は、業務用トマトケチャップの
空き缶などを利用する

④全体を金だらいの上に置いて使用すると、籾殻の散乱や火災防止にも役立つ。

■ぬかくどの使い方……………………

①ペール缶の中心に、燃焼筒を入れる。
②燃焼筒の外側に、籾殻を入れる。
③籾殻入れは、オイル缶を斜めにカットしてつくると便利。
④米6合を炊くのに、1・4升の籾殻が必要。
⑤籾殻をセットしたら、枯れたスギの葉に火を着けて燃焼筒に入れる。
⑥火が安定したら調理可能。
⑦籾殻が燃えるに従って、火床の燃焼下部に落ちていく。
⑧羽釜ならそのままかけられる。ペール缶のフタで、五徳をつくることも。鍋や釜の大きさによって、ペール缶のサイドの穴に鉄筋を入れれば、五徳の代わりになる。
⑨米6合は、15分で炊きあがり。10分蒸らすとカニ穴のできるおいしいご飯に。

燻炭や灰は土壌改良剤に

籾殻が燃焼したあとの黒い「燻炭」は中性なので、種まきの畑に混ぜるとよいでしょう。また、燃焼しつくしたぬかくどの灰は、酸性土壌の改良剤としても使えます。

籾殻、ペール缶、空き缶、そして燃やした燻炭や灰。一つとしてムダなものはないのです。

①ペール缶の中央に燃焼筒を入れる

②籾殻を入れるのは燃焼筒の外側

ぬかくどの使い方のポイント

⑦燃焼した籾殻は火床下部に落ちる

③籾殻入れはオイル缶をカットしたもの

⑧ペール缶のフタを生かした五徳

④籾殻を入れる

⑤着火したスギの葉を燃焼筒に入れる

⑨ご飯が炊きあがる

⑥火力が安定。調理可能

小さなモバイルハウスの快適暖房

地給知足のアイデア満載！　モバイルハウス「タルタル庵」は、薪3本で快適空間になります。

ロケットストーブを応用した暖房設備

シャンティクティの庭に、ワークショップの仲間たちと小さなモバイルハウスをつくりました。

その名も「タルタル庵」といいます。

3畳ほどの小さな庵ですが、「もっともっと」を求める「モアモア教」ではなく、「足るを知る」。「タルタル教」を実現するための知恵と技術が、ここにはたくさん詰まっています。

このモバイルハウス、石油や電気のエネルギーを使わないことを目ざして、市販されているもので設計しました。以下は冬のあいだの暖房の仕組みです。

入口を入って、右手にホンマ製作所の時計型の薪ストーブがあります。これには2mの断熱煙突がついています。ストーブの熱で暖められた空気は、上昇気流となって煙突を昇り、その先に通じた2本の煙突へダウンドラフト。下降気流をつくります。

このストーブには、アメリカ生まれの「ロケットストーブ」の原理と、それとペチカを融合させた「ロケット・マス・ヒーター・ペチカ」の仕組みが生きています。「わくわくストーブ2型」と名づけました。

ロケットストーブの特徴は、「ヒートライザー」と呼ばれる煙突にあります。通常の薪ストーブに比べ

時計型の薪ストーブで調理すると、室内も暖まる

これがモバイルハウス「タルタル庵」

ストーブの熱でお湯を沸かして床暖房

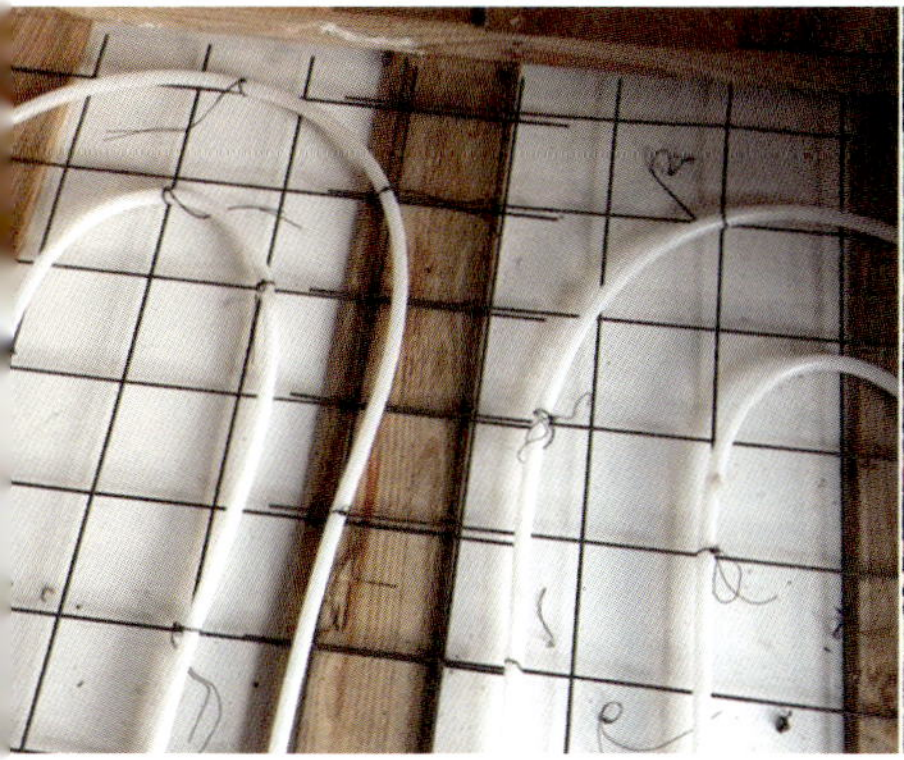

外壁を断熱材で覆っている

屋根で暖まった空気を床のモルタル層へ蓄熱。右が排出口

内部にも断熱材。空気層をつくって結露を抑えている

て、燃焼効率が格段に高く、ロケットのように「ゴー」という音を立てて薪が燃えるので、この名がついたそうです。

煙突をパーライト（天然の岩石を原料とする製品）等の断熱材で包んで保温することで燃焼効率が上がり、強力に空気を吸い込んで完全燃焼。燃焼力は、通常の煙突の6倍の高さに匹敵するといわれています。

着火してしばらくは、煙突の先のダンパーをあけて燃焼させます。安定感が出てきたら、ダンパーで煙を切り換えて、負圧にするために2本の煙突に送り込みます。

煙突から下降した煙＝クールドラフトは、湯沸かし器に熱を伝えて熱交換。お湯を沸かします。お湯はタンクを通して放熱し、室内を暖めます。このとき、木酢液も採取できます。煙は再び煙突を上昇して外部に放出されていきます。

煙の流れを次頁の図にまとめてみました。

床暖房やパッシブソーラーにも挑戦

タルタル庵では、床暖房にも挑戦しています。当初は、熱吸収の配管を煙突の中に入れたり、煙突に巻いたりしていろいろ試してみたのですが、温水が自走してくれなかったり、熱吸収が思ったほどよくありませんでした。

そこで、時計ストーブの上に置いた鍋でお湯を沸かして、床下のパイプに送り込んで、床を暖めることになりました。

さらに太陽熱をそのまま家の暖房に活用する「パッシブソーラー」にも挑戦しています。

まず、断熱材の「スタイロフォーム」という素材を使って、家の外壁をすっぽり包みました。まるで家全体が魔法ビンのような状態です。

屋根の上部に空気層をつくり、昼のあいだ暖められた空気を、床のモルタル層に送り込んで蓄熱させるのですが、このとき屋根から厚紙でできたボイド管（基礎工事などで使う筒）を使って暖められた空気を床へ送ります。このときの送風には、コンピュータのファンを、１００Ｗのソーラーパネルで発電させた12Ｖの電力で動かしています。

時計ストーブに薪をくべると、その熱が煙突を伝ってタンクへ。そこで暖められたお湯が床暖房に使われ

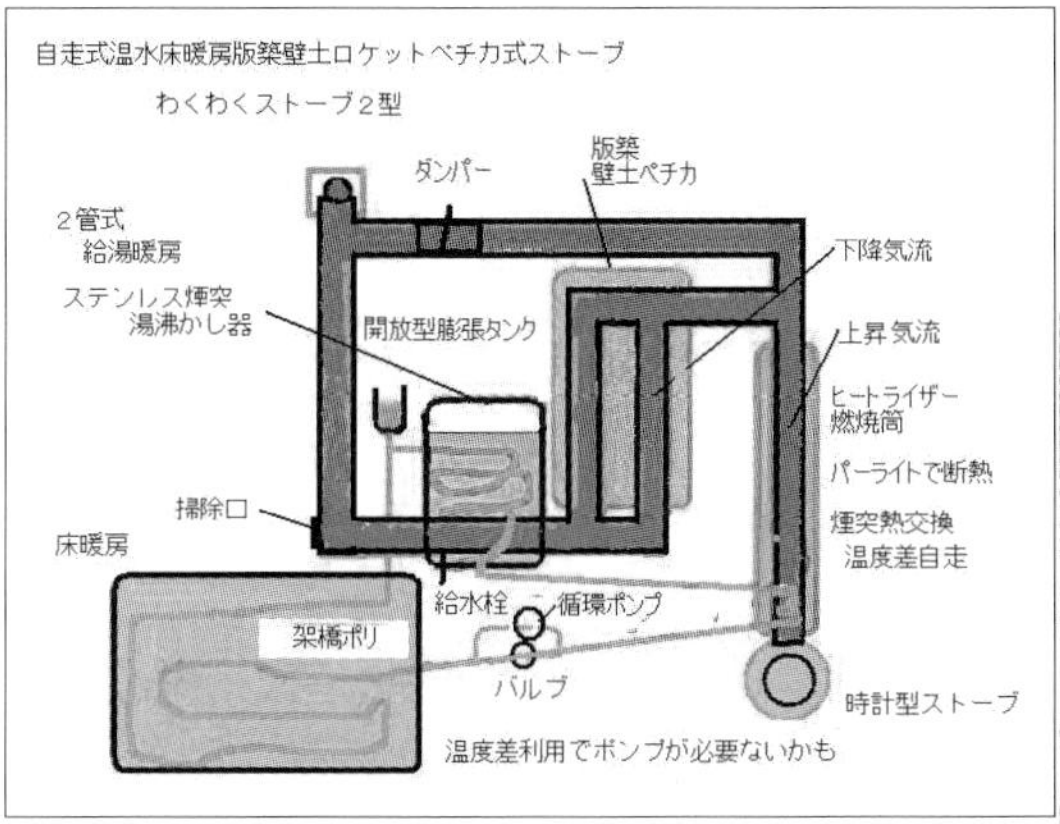

「わくわくストーブ２型」全体図

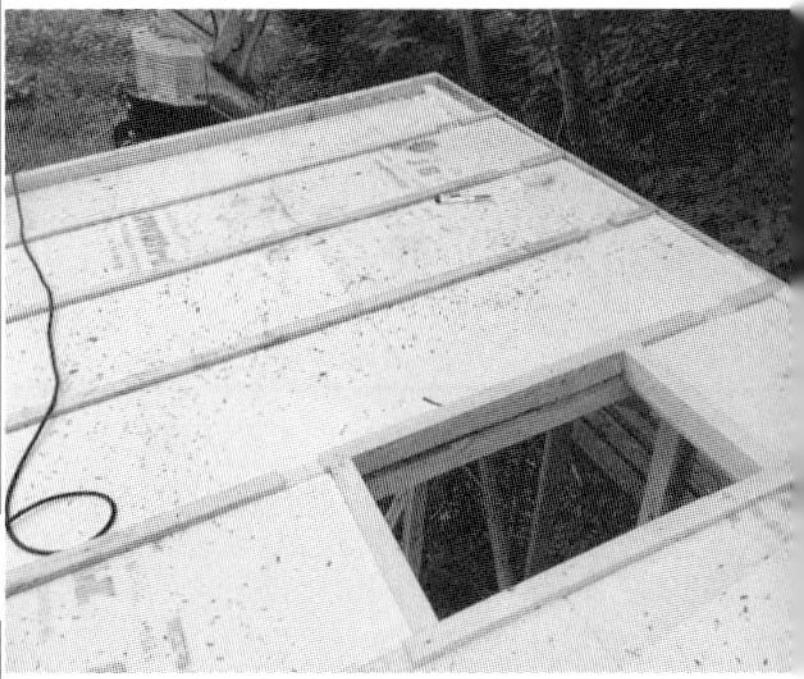
屋根にも断熱材を

ワークショップの仲間たちと、タルタル庵の上棟式

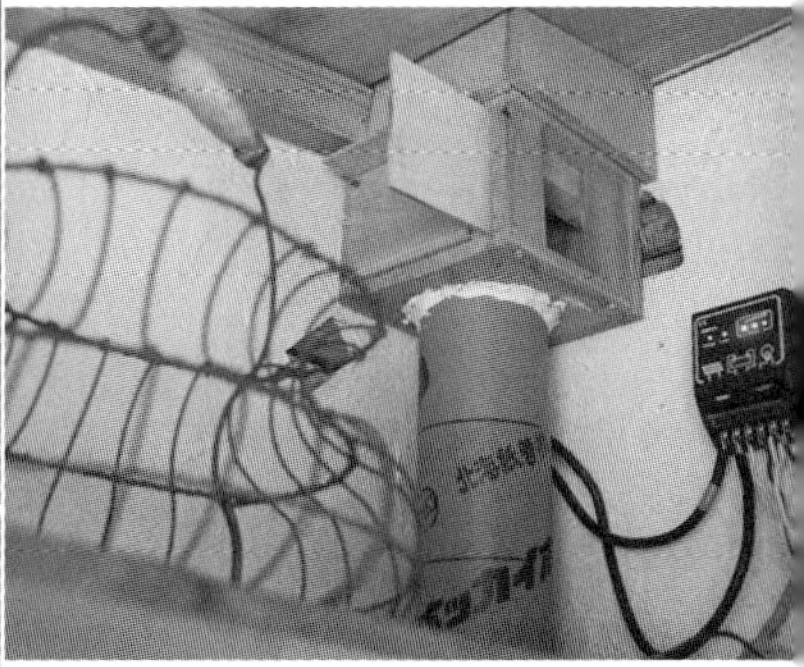
ボイド管を経由して屋根の熱を床へ。
コンピュータのファンで送風

ています。屋根の上で暖められた空気は、そのまま床のモルタル層へ……。

　こうしてタルタル庵の室内は、冬でもあっという間に30℃近くなり、快適に過ごしています。

　ところが、設計段階では、建築基準法の制限を受けず、また車にのせて運ぶことで道路交通法の適用も受けず、自在にどこでも動かせるモバイルハウスになる予定でした。あるとき南向きにしようと、ユンボで動かそうとトライしたのですが、重くてどうにも動きません。重量が２ｔくらいあるようです。

　今の車輪では、８００kgぐらいが限界です。このままでは、「動かぬモバイルハウス」になりそう。何かいい案はないでしょうか？

WINTER

ピースフードは土づくりから

ピースフードは、スローフードを超えた究極の食事。それは大地に種をまくときから始まっています。

草も虫も敵としない圃場から生まれる野菜

「ピースフード」という概念をご存じですか？

日本ではあまり知られていませんが、それはインド独立の父、ガンジーが実践した食事法であり、みんなが幸せになれる食事です。そこにはアヒンサー（非暴力）の思想が込められています。

ガンジーは銃を突きつけられて奴隷になるか、武器を持って戦うかと問われたとき、そのどちらも選びませんでした。第三の道である「無抵抗」「不服従」を選んだのです。

スローフードはとてもすばらしい食事法ですが、その対極にファストフードがあります。

ピースフードは神の道です。対立するものがありません。東洋思想vs西洋思想ではなく、第三の道です。ピースフードの基本は、みんなが平和に暮らせる世界です。

田んぼや畑では草や虫も敵としませんし、お互いを生かし合います。食の世界もそうあってほしいと思います。

シャンティクティの庭には、ライ小麦の間にレタス、キャベツが植えられています。だんだん生長する

春の恵み、タラノメの天ぷら

サラダも竹の子もいつもとれたて。食用花のナスタチウムを添えて

野菜とベリーは畑から。フードマイレージゼロに近い食事を

タミコさん直伝！プーリーのつくり方

①熱した油に投じると、上がってくるので押さえつける

アジア家庭料理研究家のミヤモトタミコさん（左奥）がいつも大活躍

④できあがり

③ぷわっとふくらませる

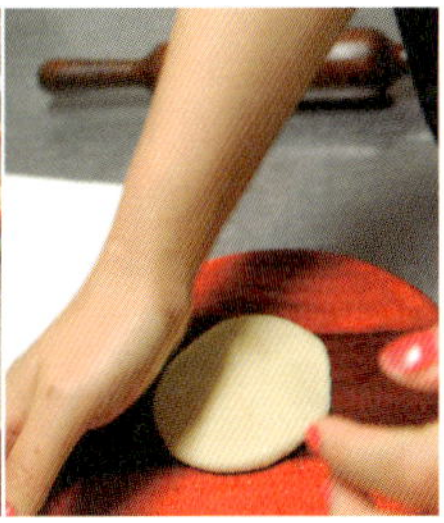

②生地をてのひらで伸ばす

9月のブランチ

と、麦は障壁となりアブラムシの害を防ぎます。虫はレタスを嫌いますから、隣のキャベツにも虫があまりつきません。同様に、忌避効果のあるニラやネギを植えることもあります。

畝の間にはクリムゾンクローバーを。赤くかわいらしい花を咲かせます。こうした植物が植えられ、空気中の窒素分を固定し、土地が肥えていきます。またライ小麦からはストローもとれるので、本物のストローでジュースが飲めます。

トラクタも除草もいらない自然農

草は太陽エネルギーを固定することができ、朽ちたものは微生物や小動物の棲みかとなり、その結果として土は豊かになります。

なお、草は草を抑えます。「耕す」という行為は有機質を分解する行為です。ですから野菜に吸収されて野菜はよくできます。でも土地は砂漠のように痩せ、小動物や微生物の棲みかを奪います。シャンティクティの自然農では、「耕す」ことはしていません。

やがて草は根を張り、朽ちていきます。根穴構造ができ、微生物や小動物が分解します。分解された腐食はマイナスの電気を帯びます。そこに栄養素のプラスの土がくっついていきます。これが「団粒化」です。これが自然界の行なう「耕す」という行為。植物は自分でいい環境をつくりだしているのです。そもそもそれを真似たのが鍬やトラクタでの耕耘なのです。

耕していない大地は、ふかふかで驚きます。簡単に指がささります。草を取ることで、有機質の乏しい砂漠のような状況をつくり、硬くなった大地を耕す。本来、人間は耕す必要も草を排除する必要もなかったのです。

幼少期はお母さんが子どもを胸に抱きかかえるように保護が必要ですが、それは野菜も一緒です。刈った草は隣に置いておけば光を遮り、草は育ちません。野菜も人も棲み分けが可能なのです。「よくやったね」「素敵だよ」。そんな言葉が光となり、人を育てます。

草も虫も敵ではありません。畑で間引いたものも食卓で生かされます。

シャンティクティの野菜は、共生の哲学に支えられ生命力と愛情にあふれています。

「フードマイレージ」（食料の生産地から食卓までの輸送距離に着目した指標）という言葉がありますが、ピースフードは畑が即食卓なので、フードマイレージは、限りなくゼロに近いのです。もちろん畑以外の山菜やキノコなども食卓を飾ります。私たちは、そんな環境にいられることを、ありがたく思っています。

食べごたえと、香りづけに重要なスパイス

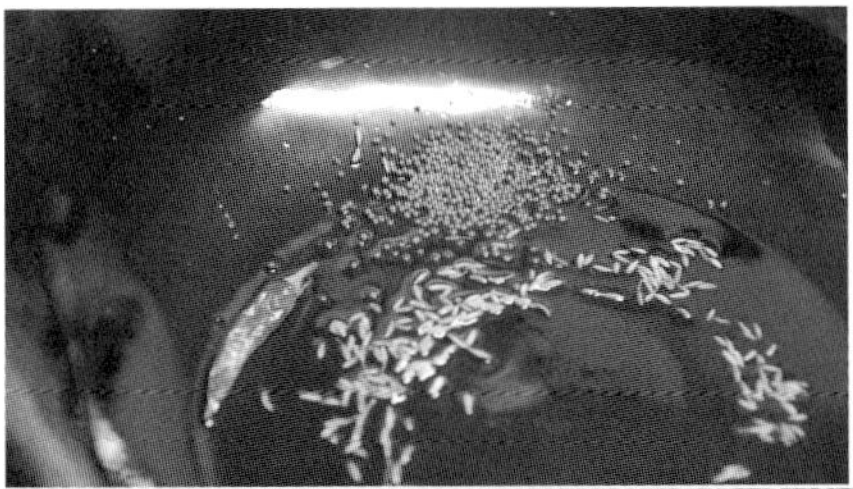

トウガラシ、マスタードシード、クミンシードを熱して香りを出す

ピースフードはいつも、笑顔と感謝とともに

WINTER

踏んで踏まれての楽健法

足で身体を踏むうちに相手も自分も元気になれる二人ヨーガです。

足の裏で、相手の身体を踏み込む二人ヨーガ

楽健法《らっけんほう》に出会ったのは、20年ほど前。ヨーガの先生から教えていただきました。セルフケアとして家庭でも続けてきたほか、具合の悪い人にやってあげることで、すばらしい効果を見てきたので、シャンティクティでも定期的に講座を開くようになりました。

楽健法のすばらしいところは、やってもらう人だけでなく、やってあげる人が元気になっていくところだと思います。人に喜ばれ、なおかつ自分の足裏マッサージになり、バランス感覚を整え、相手に集中することで、瞑想的なはたらきもあります。

シャンティクティの「心地よい暮らし」の講座では、年に一度、子松志乃子《ねまつしのこ》さんをお迎えして「楽健法」の講座を開いています。これは、二人一組になり、足の裏で互いの体を踏む健康法。別名「二人ヨーガ」とも呼ばれています。

楽健法は、奈良県桜井市・東光寺の山内宥厳《やまのうちゆうげん》住職が、45年前から普及しつづけてきました。足の裏で相手の身体を踏むことで、リンパの流れや血行を促進

６月のシャンティクティで開かれた、子松さんのセルフケア講座

踏む人も踏まれる人も、身体の中からポカポカに

子松志乃子
先生

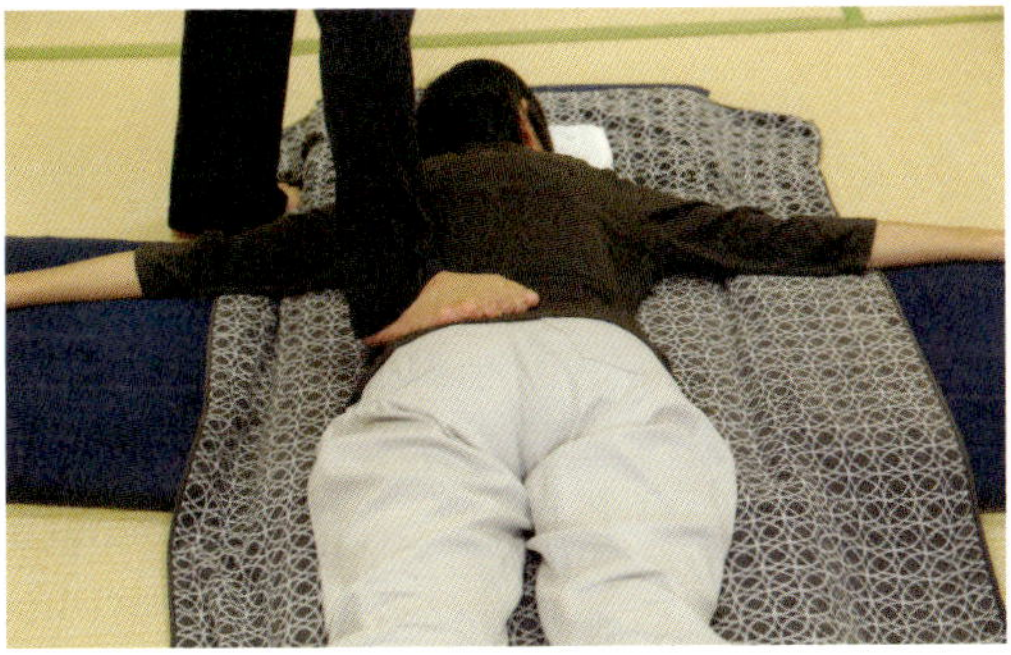

うつぶせに寝た相手の腰を、そっと踏み込む

まず裸足で相手の足の裏にのる

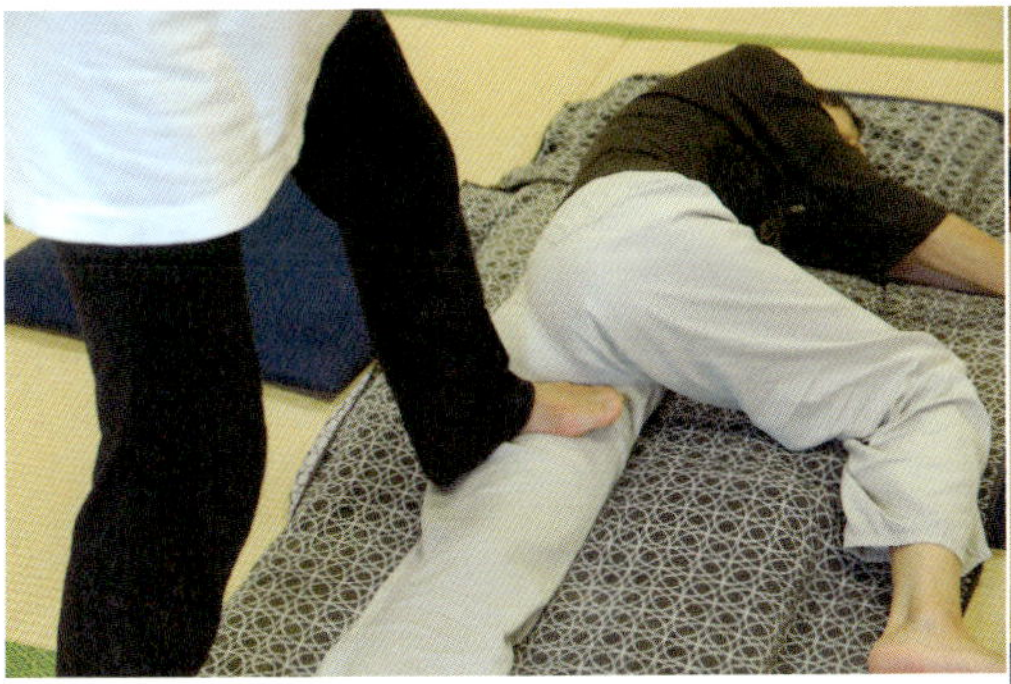

左太腿の付け根を外側から踏む

し、筋肉の凝りや痛みをやわらげる効果があります。

楽健法は、足圧によって筋肉の凝りをほぐします。特に足の付け根の鼠蹊部《そけいぶ》やお尻、腕の付け根、肩甲骨の下などを踏み込んで、筋肉をやわらかくすることで、血流がよくなり、さまざまな症状を緩和できるのです。

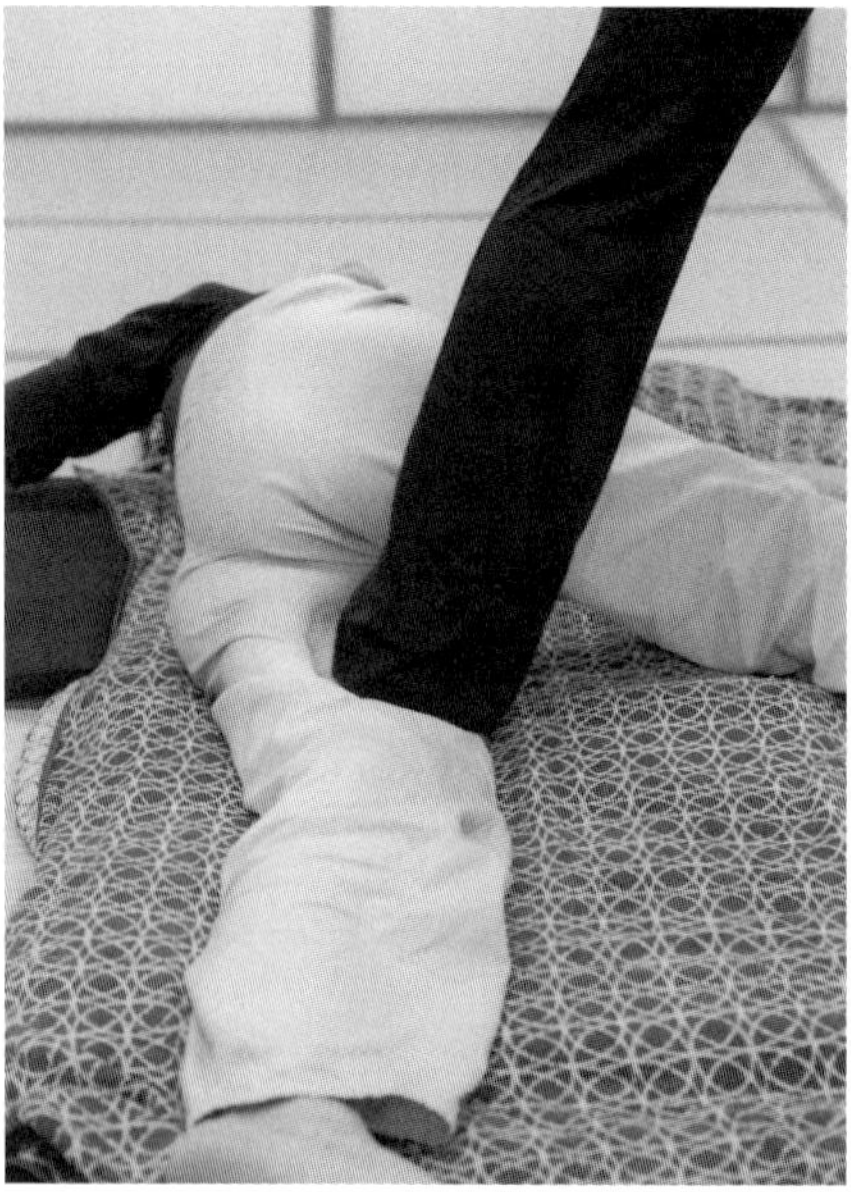
同じ場所を内側から踏む

踏む人も、踏まれる人も ぽっかぽか

楽健法は、決して相手の体を踏んづけるのではなく、体重を移動させながら、体を揺らしたり、じっくり圧をかけていきます。

基本的な順番は、
足の裏→足の付け根（前）→腕の付け根（前）→お尻→足の付け根（後）→腕の付け根（後）→肩→背中
の順に踏んでいきます。

体の左側から右側の順で行ない、急に力を入れず、やわらかく踏み込んでいきます。慣れないうちは、膝や肘など、関節の裏側を避けて踏むように注意しましょう。

「痛くないですか？」

「もう少し強く踏んでもいいですか？」

とか、相手を思いやりながら気持ちよい程度に踏んでいきます。基本的には全体で体の流れをよくしていきますが、いろいろな症状にも対処できます。

腰痛を緩和するには、腰ではなく「お尻」を踏むこと。足をのせ、小刻みに足を踏み込むことで、お尻、腰、背中に振動が伝わり、筋肉がほぐれていきます。

女性に多い冷え性の防止には、鼠蹊部を踏みましょう。身体の中で最もたくさんの血管が集まっていて、血流が滞りやすい場所。上半身は暑くて汗をかいてい

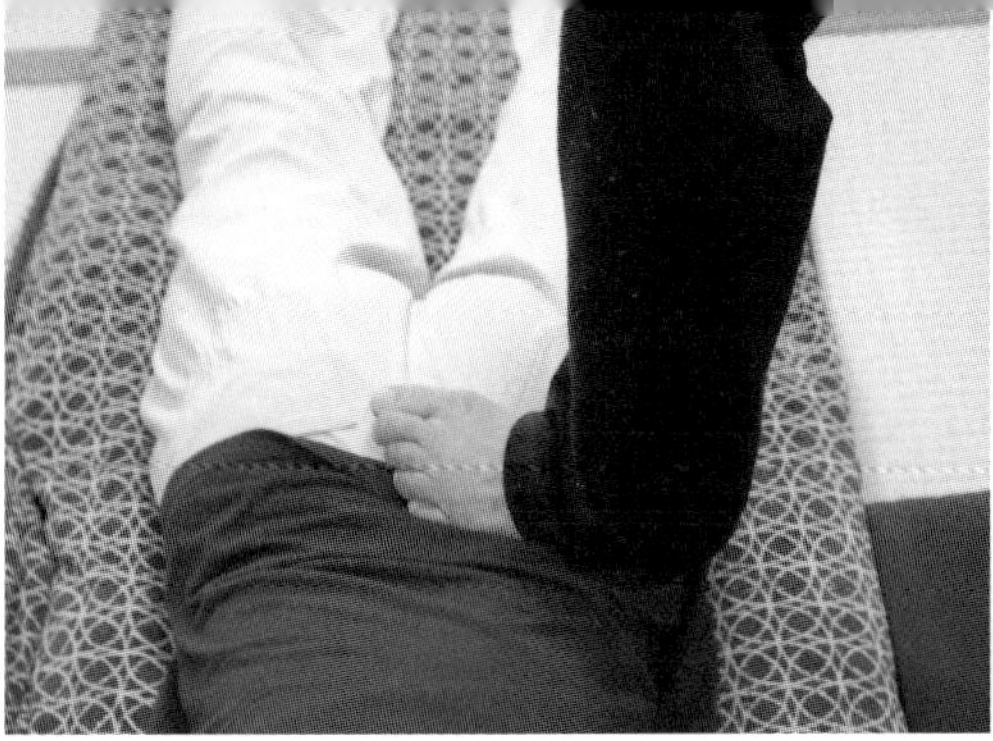

腰の付け根も踏み込む

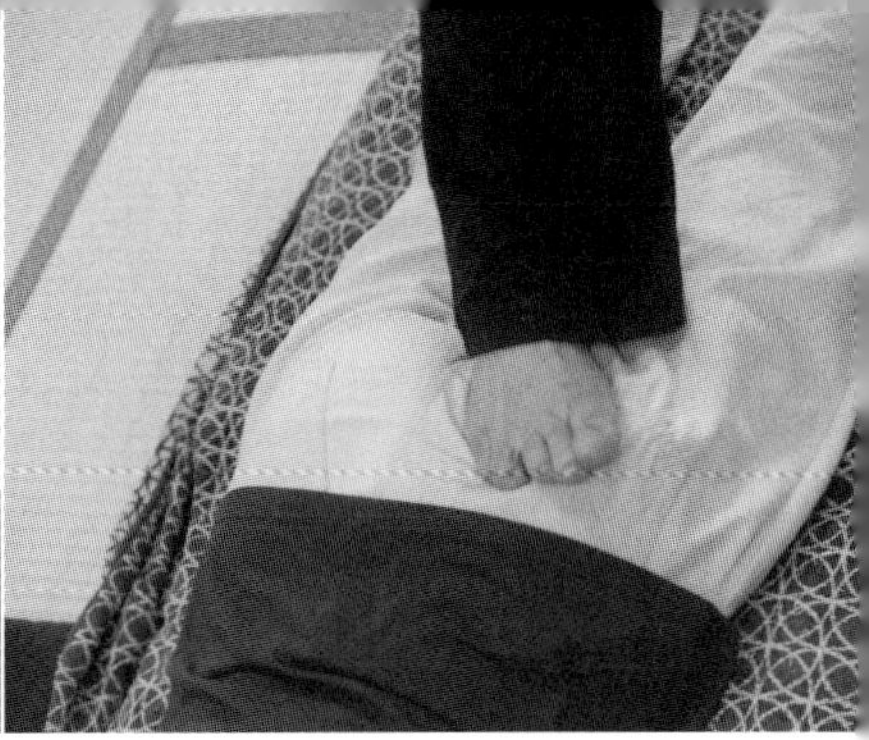

相手の外側に立ち、お尻を踏み込む

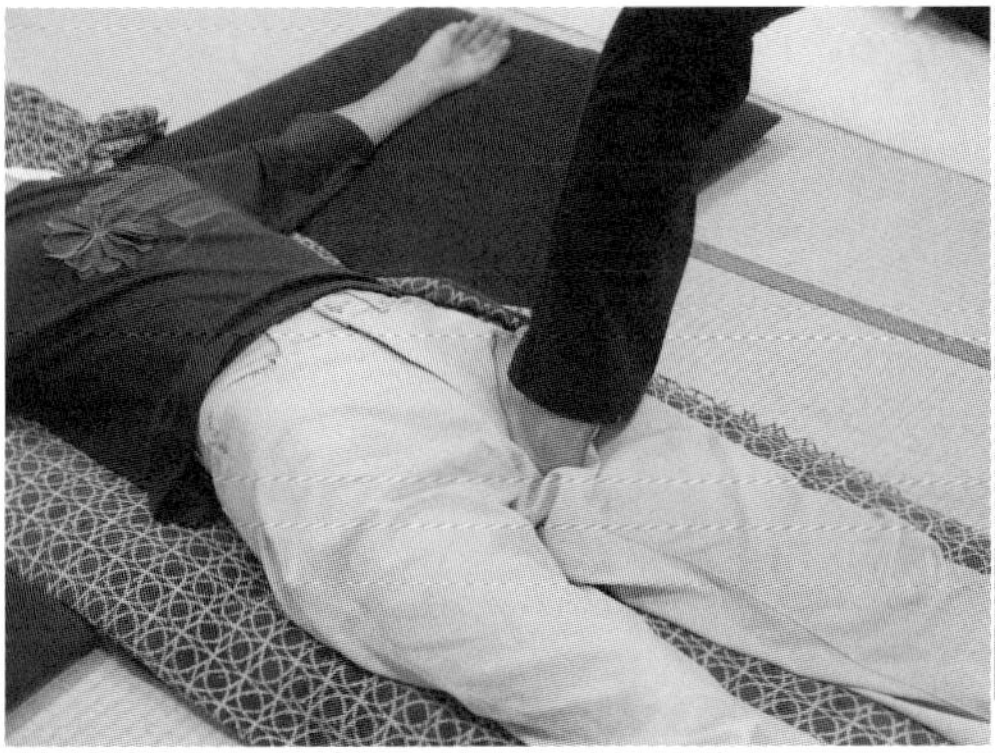

血管が集まる「鼠蹊部」を踏むと、下半身の血流がよくなる

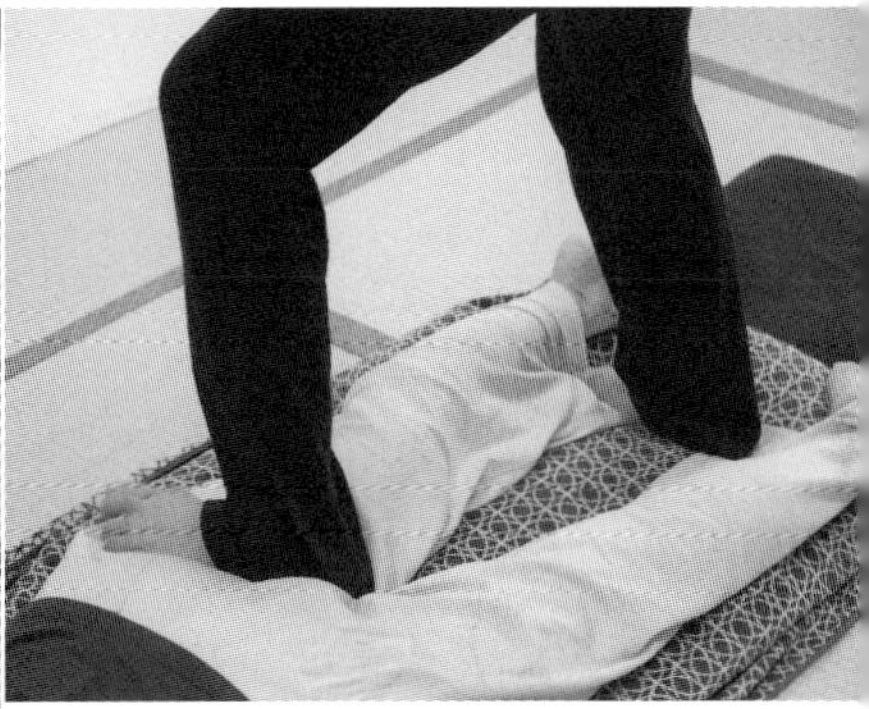

続いて内側からお尻の筋肉を踏むことで、
腰痛がやわらぐ

るのに、下半身は冷えている。そんな〝冷えのぼせ〟にも効果があります。ここを踏んで血流をよくすることで、体質が変わっていきます。

全身を踏む場合は、40〜60分が目安。時間がなければ一部を集中的に踏んでもかまいません。

楽健法のよいところは、踏まれる人だけでなく、踏む人もだんだん体がポカポカ暖かくなること。だんだん汗ばんでくるほどです。

楽健法には、道具はなにもいりません。寝る場所さえあれば、誰でもできます。踏んであげると、暖かくなって汗をかくくらいです。特に冷え性の方は、たくさん踏んであげることで、流れがよくなってきます。相手がいることで自分も足裏をマッサージしたりしてケアをし、相手を不快にさせないよう、気遣うようになり、その結果、自分も癒されます。

そうして他者との気の交流の中で、健康を取り戻すことができる楽健法は、本当にすばらしいと思っています。

WINTER

種をとり　整理・保存する

抱え込むのではなく誰かと分かち合い、役立てる。それが種とりの楽しみです。

種は自然からの贈り物（ギフト）だから

シャンティクティのガーデンが雪に覆われる年末、カボチャやナスの種とりや「たねバンク」に集まった種子の整理をしています。

小田詩世さんによる種とり講座

私たちは、本来、植物の種というのは「自然からのギフト」と考えています。たとえばお米の場合、大地に返すと半年後には一粒が３０００倍になって返ってきますが、せっかく手に入れても、そのままずっと抱えていると、発芽率が落ちていきます。

豆類なら1～3年、その他の種は5年くらいたつと芽が出なくなるものもあります。特にネギなどは「種をとったらすぐまけ」といわれるほど、発芽率が落ちるものもあります。

だからみんなで分かち合い、大切に育てて、種を残していかなければ。私たち人間のいのちと暮らしは、そんな「自然からのギフト」に支えられているのです。

自家採種の種を育てていると、うまく芽が出なかったり、育たなかったり。同じ科の植物と交雑してしまうこともあります。その一方で離れた土地に根づいて、形を変えて残ることもあります。

たとえば、もともと大阪の在来種だった天王寺カブを長野へ持ってきたら、茎がすごく長く伸びたので、根ではなく葉を漬け菜として利用したのが、野沢菜の

保存の種いろいろ

小布施丸ナス

木曽赤カブ

大浦ゴボウ

ユウガオ

松本一本ネギ

オクラ

豆類をそれぞれ乾燥させる

ルーツだったりします。あちこちを旅して変化しながら、その土地に合った形に変わっていくというのもまた、植物のすばらしさだと思います。

自分だけ種を抱え込んでお金にするのではなく、みんなが与え合う生き方、それが広がっていくと世の中は本当に平和になる。「たねバンク」のよさは、種の授受も交換もすべて無料だということ。借りた種から作物を育てて、収穫できたら種とりをして、2倍にして里帰りさせる――それが、みんなの喜びに通じるのです。

シャンティクティで定期的に開いている「たねカフェ」に訪れるのは、近隣の方たちが多いですが、遠くからわざわざやってくる人もいます。ここから種を持ち帰って、新しい種ができたから「さしあげます」なんてネットで告知している人もいます。そんなふうに種が各地へ流れていけばいい。抱え込む生き方から分かち合う生き方にシフトするのがいいのです。

その一方で、種を自分で抱え込んで、お金にしようという動きもあります。それが特許であり、モンサントのような巨大な種苗メーカーの戦略だったりしますが、種をお金でやりとりするのではなく、みんなで分かち合い、シェアする。そんな動きがあっていいはずですし、自分でとった種が誰かの喜びにつながる。それが本来人間の一番の喜びに通じると思います。

「たねカフェ」開催

古くなった種はまとめて一気にまく

トマトのように、完熟した実を生食できるものは、夏の間に種をとることができます。ナスやキュウリは、未熟の実を食べているので、そのままでは採種できません。畑にしばらく置いて、完熟してからとるようにしています。

完熟したズッキーニ

ズッキーニを割って、中から種をとりだす

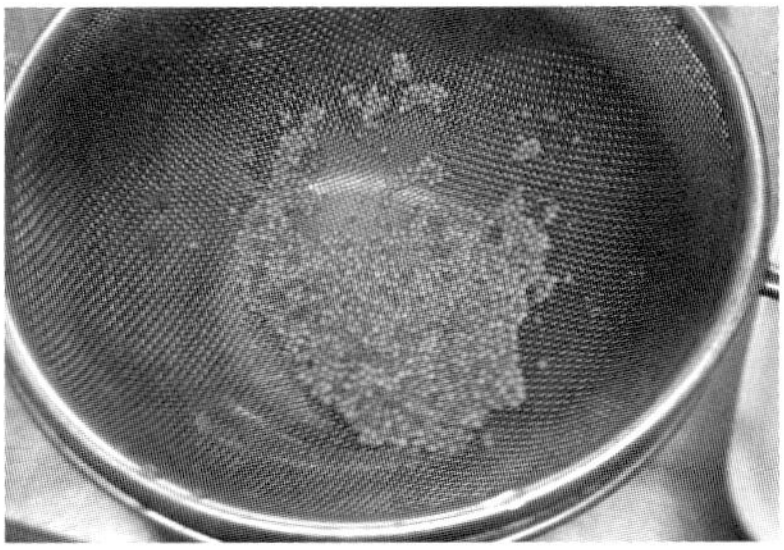
ザルにあけ、乾燥させる

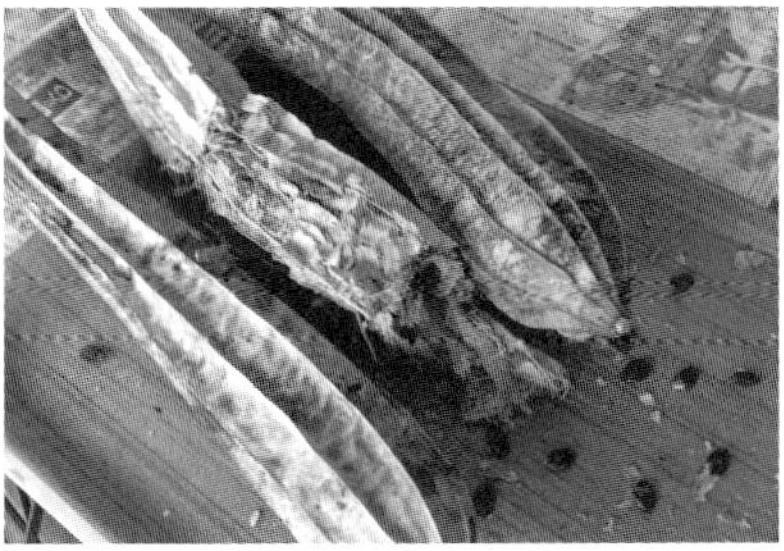
ヘチマからは黒い種

年末に、ずっとベランダに置いてあった野菜の種とりをしました。ズッキーニは、一つの個体から充実した種が70～150粒くらいとれます。ナスは200粒くらいとれるでしょうか。とても面倒な作業ですが、持続するためには、とても大切なことです。

畑が雪に覆われる冬のあいだは、集まった種を整理する時期でもあります。年代が古くなると劣化してしまうので、豆類は煮て食べるようにします。それ以外の食べられない種は、集めて全部一緒にして、粘土団子にしてまいたり、秋に草の上から「ダーッ」とまいてしまいます。そしてあとから草刈りをする。

芽吹かずに土に返る種もあると思いますが、中には草の間から芽を出して、実るものもあるのです。それこそ多様なものが生えてきて、混植状態になります。それを間引きしながら食べるのも、楽しみの一つだったりします。

「誰かのために、この種をまた役立てよう」

そんなふうに能動的な姿勢で取り組むと、ただ買って、消費するという行為から変わっていくんじゃないでしょうか。種をとってまた分かち合う行為から、とても楽しい関係が生まれていきます。

WINTER

段ボールコンポストをつくる

一箱で効果は十分。生ゴミを分解する段ボールコンポストをつくります。

台所・ベランダ用のコンポスト

シャンティクティには、畑にコンポストがあります。落ち葉と米ぬかを混ぜ、その間に生ゴミを投入するのですが、コンポストが生ゴミを分解して、とても良質な肥料ができます。

段ボールコンポストは、畑や大地がない方が台所やベランダで実践する方法です。3〜4人家族なら、段ボール1個分のスペースがあれば十分。アパートやマンションのベランダにも設置できます。微生物が活発に動き出せば、生ゴミは2〜3日で分解されて、姿を消します。では、つくり方を紹介しましょう。

■材料……………………

- 段ボール（ミカン箱の大きさ）
- 新聞紙（朝刊2日分）
- 米ぬか（3kg）
- 腐葉土（山からとってきたもの5kg）
- 角材・レンガなど
- 燻炭（あればでよい）
- 水（適量）
- 布（Tシャツ、シーツなど）

■つくり方……………………

①段ボールはフタの部分を立てて、ガムテープで止め、底に朝刊を敷く。
②腐葉土と米ぬかを、5対3の割合で入れる。あれば籾殻燻炭を入れて、十分に混ぜる。
③水を入れて混ぜる。手で握って指のあいだから中身がこぼれない程度のかたさがよい。
④角材やレンガの上に段ボールをのせて、設置面を床から離して、通気性をよくする。
⑤古布などをかぶせて紐で結び、虫除けのフタをする。
⑥翌日には米ぬかが発酵し、温度が70℃ぐらいに上が

うたさんによる段ボールコンポストのつくり方

①段ボールに新聞紙を敷く

②腐葉土を入れる

③米ぬかを入れる

④スコップでよくかき混ぜる

⑤水を入れて、水分を調整する

⑥握りしめてバラバラにならない程度に

⑦籾殻燻炭も投入

っている。

■使い方…………………………

●できればキッチン、それが難しければベランダ等に置いて、生ゴミを入れ、米ぬかをふりかけてかき混ぜる。髪の毛やペットの毛やふん等の有機物を入れてもよい。

●毎日、漬物のぬか床と同じようにかき混ぜて面倒を見る。水分が足りなければ追加する。

●コンポストの温度が下がってきたら、米ぬかや油等を入れてかき混ぜる。

●温度を一定に保てれば、2~3日留守にしても問題はない。

●1年ぐらい使用しても、増える質量は1~2㎝程度。

●コンポストの中身は、1年ぐらい寝かせて、春の育苗に使うとよい。

●自然農のように、耕さない畑であれば、未発酵でも投入できる。

1年ほど使ったら新しいものに

材料の腐葉土は山からとってくればいいし、米ぬかは農家や道端のコイン精米機から分けてもらえばよいので、元手をかけずにつくれます。

置き場所は、キッチンの流し台の横が理想的。三角コーナーは置かずに、生ゴミをここにどんどん入れていけばいいのです。生ゴミと一緒にちょっと米ぬかをまぶして、水分が足りないようであれば、加えます。

虫が飛んできて、卵を産みつける場合もありますが、発酵が進んで高温の状態が保たれていれば、いくら産んでも死んでしまうので、問題ありません。

シャンティクティでは、外のコンポストに生ゴミを投入しすぎて失敗したことがあります。お客さんの多い日は、一般家庭よりもずっと大量の生ゴミが出るので、どんどん投入してしまうのです。すると、コンポストの処理能力を超えて、温度が上がらず、ウジ虫が湧いてしまいました。それはそれで分解するチカラは強いのですが、虫が多すぎて箱全体が揺れるほどでした。念のために、箱にはフタをしたほうがよいと思います。

温度が下がってきたら、肉系の残り物や、揚げ物をしたあとの油を入れて、かき混ぜると温度は上がりや

できあがり

布をかぶせて、虫の侵入を防ぐ

すくなります。だんだん段ボールがふにゃふにゃとやわらかくなってしまうので、1年ぐらい使ったら、中身を畑で活用して、取りかえるのが基本です。

　コンポストは、ぬか床と同じ好気性発酵なので、中の微生物は空気がなければ生きていけません。コンポスト＝生ゴミ処理機ではなく、微生物を飼っている感覚で、毎日せっせとかき混ぜて、面倒を見てあげましょう。

WINTER

持ち運び自在のコンポストトイレ

コンポストトイレは、自分たちでし尿を処理できる未来型トイレです。

コンポストトイレで地域循環をスムーズに

水洗トイレは、快適かつ便利なものですが、飲み水として使えるきれいな水をし尿で汚し、下水に流している上に、その処理に莫大なエネルギーをかけていることが問題です。

その点、野グソに勝るエコロジカルな方法はないと思いますが、「それはちょっと……」という人におすすめなのが、コンポストトイレ。ちょうど「野グソと水洗トイレの中間」的な存在です。

コンポストトイレは、常設型のものもありますが、発酵がうまくいかず、虫が湧いてしまうこともしばしばあります。そんなときはトイレごと運び出して堆肥置き場で発酵を進めれば問題解決。小さくて持ち運び自由なコンポストトイレは、簡単につくれるだけでなく、排泄物の地域循環をスムーズにする「適正技術」なのです。

これまでいろいろなタイプのトイレをつくってきました。いくつかご紹介しましょう。

■ＥＭバケツコンポストトイレ……

一番簡単でお金がかからないのは、台所生ゴミ処理用につくられたバケツ型の「ＥＭコンポスト」を利用する方法。ホームセンターやネット通販でも購入できます。

水抜き用の栓がついていて、水分を分離できるので、扱いやすく簡単につくれ、移動しやすいのも利点です。便座は、バケツに合わせて野地板を2枚重ねて自分でつくりました。費用は３０００円前後。使用後、落ち葉、草、木挽きぬか、木質チップなどの発酵資材を振りかけて利用します。

■「自然にカエル」コンポストトイレ……

大阪府松原《まつばら》市の㈲エコ・クリーンが開発した、生ゴ

自作のコンポストトイレ

回転式漬物容器コンポストトイレ

ＥＭバケツコンポストトイレ

水不足の水洗トイレの横に置かれたコンポストトイレ。どこにでも運搬可能

「自然にカエル」コンポストトイレ

ミ処理機「自然にカエル」は、なかなかのすぐれものの。これに便座をとりつけて、コンポストトイレをつくりました。1台約3万円と、ちょっとお金はかかりますが、つくり方は簡単。

生ゴミ処理機は行政から3000円〜半額の補助もあります。便座も市販の木の便座を使いました。

100円ショップで手に入る、車の足の下シートで、大小分離シートをつくりました。これをつけることで処理能力が上がり、扱いも簡便になります。大小を分離することで、悪臭も防ぐことができますし、うまく運用すれば半年くらい利用可能です。

分離した尿は、3倍くらいに薄めて畑に還元するか、堆肥置き場に水分として散布します。栄養価の面では小用のほうがすぐれていて、特に柑橘類の根元に散布すれば、おいしいミカンができるそうです。

くるくる回転し容器ごとの運搬も可能

「もう少し費用を抑えたい」という方におすすめなのが、漬物容器を使ったコンポストトイレです。

■回転式漬物容器コンポストトイレ……………

中国から輸入される山菜が入っていた漬物容器は、ネット通販でも手に入りますし、量販店で販売しているところもあります。これを回転させることで、内容物を撹拌します。フタが自動的に開いたり閉まったりする仕組みになっていて、大小分離式も可能です。

このトイレは自動的にフタが閉まるので、虫が入ることなく卵も産めません。撹拌するのではなく、回転するので、ウンチに資材をまぶす形になります。容器ごと運べるので便利。

私自身、モバイルハウスに住んで、このトイレを毎日使っていますが、とても便利に活用しています。

コンポストの発酵層用の資材としては、木質チップ、ピートモス、米ぬか、腐葉土等が一般的ですが、米ぬかは栄養価が高く、虫が大好きなので、虫が卵を産んで大量発生することがあります。ある日トイレが虫だらけになり、家族のひんしゅくをかったこともありました。

そんなときは、栄養分の少ない木質系の木挽《こび》きぬかや木質チップを用いると、トラブルの心配がありません。堆肥置き場に置くと、カブトムシが大量に生まれるかもしれません。

■インドでもコンポストトイレをつくる………

2015年3月、インドへ行ったときも、現地で材料を探しまわってコンポストトイレをつくりました。

これまで、いろいろなタイプのトイレをつくりましたが、うまくいかず何度もトライの連続でした。そんなときが一番楽しいときかもしれません。さまざまな形でチャレンジできたのもしあわせなことです。

そこには他人任せではなく、循環を取り戻したいという思いがありました。水洗トイレの快適さはありませんが、自然へのお返しとして人糞も役に立ちます。まさに「足るを知る」暮らしの実現です。

大小分離のモバイルコンポストトイレ

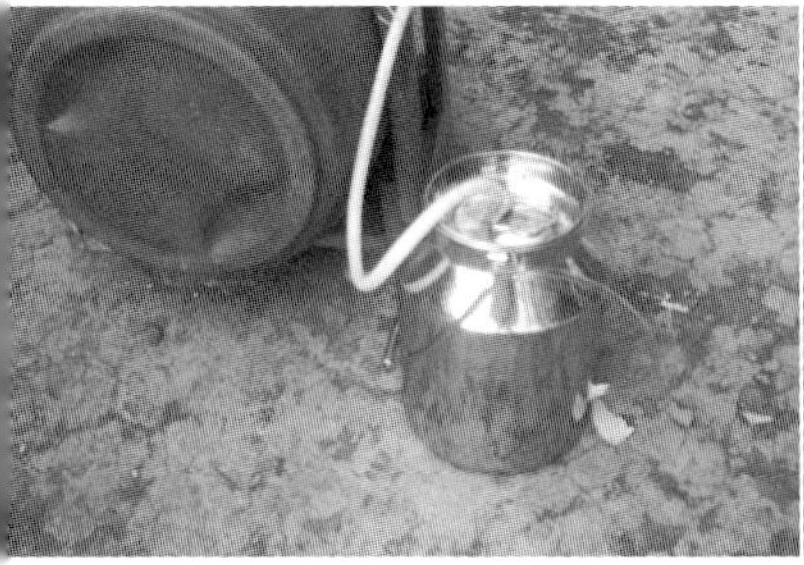

小はコンポストに入れ、薄めて畑に

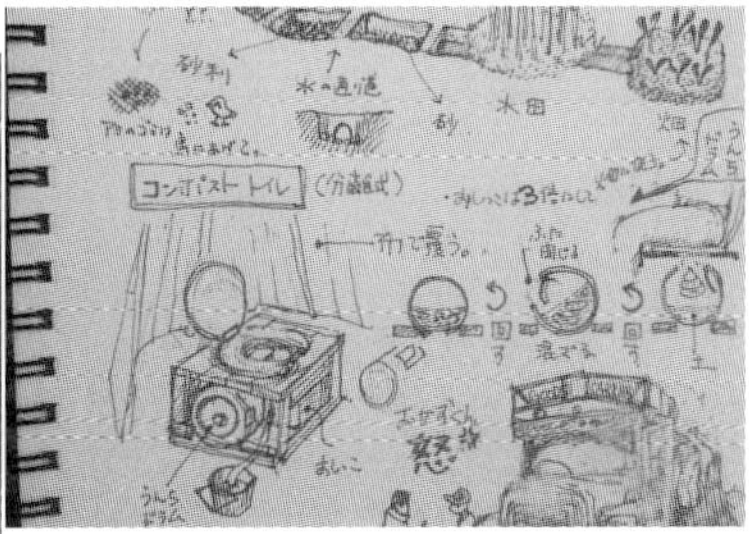

つくる前にイラストで説明

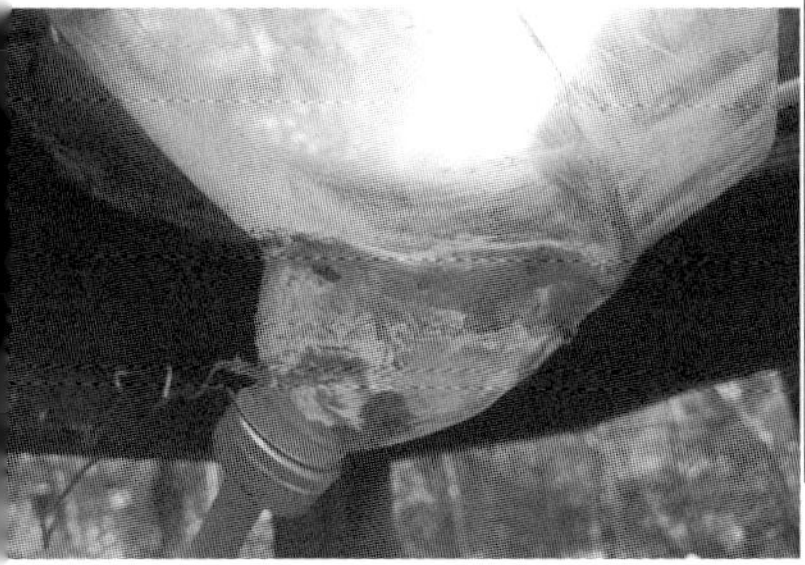

ペットボトルを利用して小を分離

小用のセパレートシートをつくる

WINTER

ゆったり流れる手仕事の時間

雪に閉ざされる冬。糸紡ぎ、機織り、編み物などの手仕事を楽しむときです。

羊毛から木綿の糸紡ぎへ

若い頃、ネパールやタイを旅していて、道端で糸を紡ぐ人、機《はた》織りをする人、編み物をしている人に、いく度も出会いました。子どもですら、木製のスピンドルで上手に糸をつくっていて、私はよく隣でじっと見ていました。そこにはのんびりとした時間が流れていて、その仕事はとても美しかったのです。

私の祖母も着物を縫ったり、刺繡をして、日々過ごしていたことを思い出します。その横で端切れをもらい、人形の服を一緒に縫った幼い頃の思い出。手の仕事の時間は温かく、優しい空気に包まれていました。学生の頃は、お金がなくて、よく自分でも服をつくっていました。

あるとき、使う人のいなくなった、糸車と羊毛をもらい、毛糸を紡ぎはじめました。はじめはぜんぜんできませんでしたが、アナンダという糸車や羊毛などを販売しているお店の講習会に出かけて行くと、いとも簡単に紡げるようになりました。羊毛は、繊維が長

繊維が絡み合い、糸になっていく

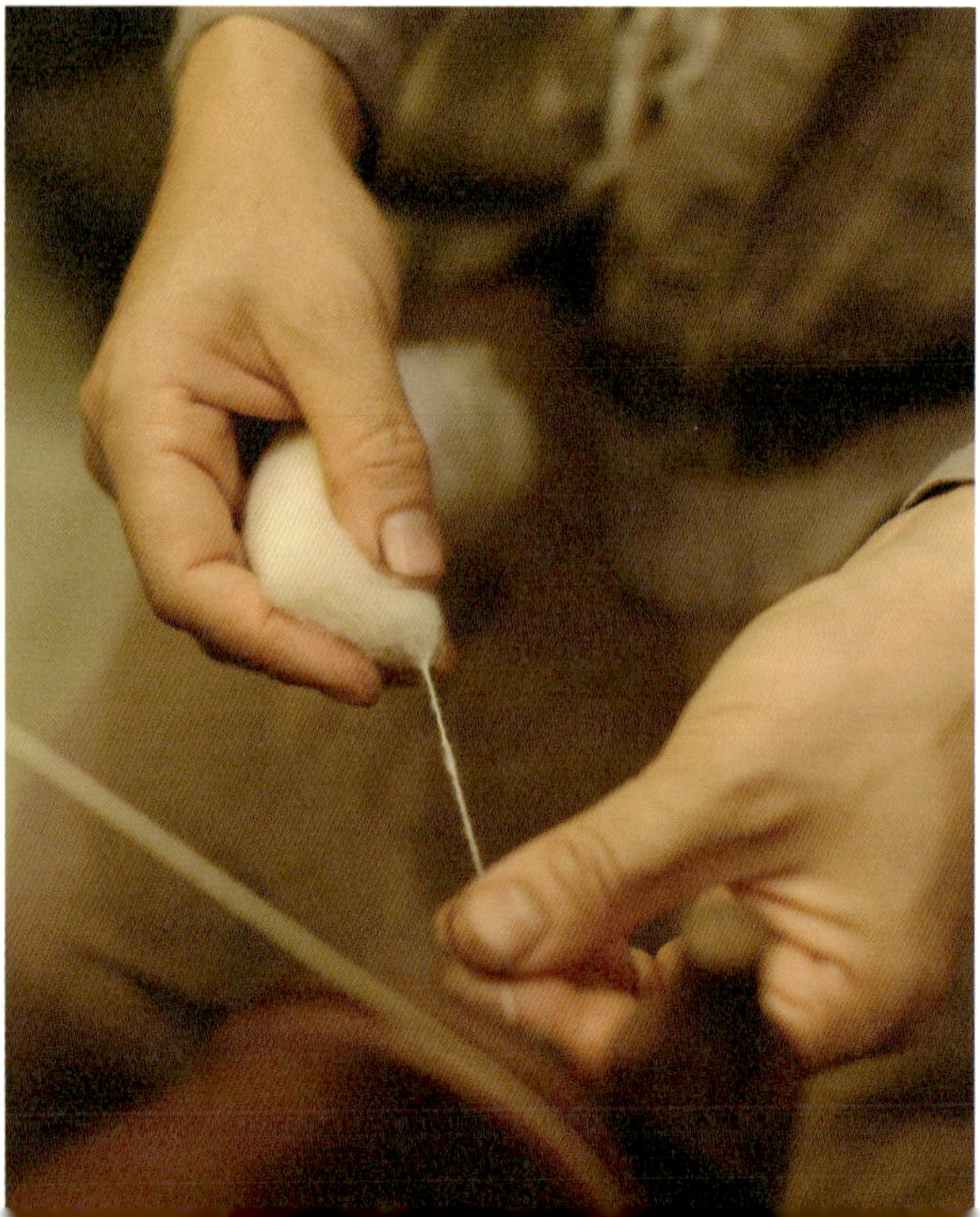

糸紡ぎは、冬の間の楽しみ

思い思いの色に染めて

収穫したコットンボールを集めて

綿繰り機で、種をとる

弓で弾いて、繊維を整えて

く、するすると糸になっていきます。帽子やベストを編んで、楽しんでいました。

羊毛ではフェルトで帽子やかばんなどもつくりました。シュタイナー教育の勉強会をしていたこともあり、ヨーロッパの文化として、羊毛が素材に使われていたのでした。

でもやはり、日本の文化でいえば、伝統の綿や麻、絹。動物を飼うより、植物を育て、それで糸にしてみたいと思い、片山佳代子さん（ワークショップの講師。42頁を参照）との出会いもあり、近頃は木綿にはまっています。

綿を紡ぐのは、羊毛よりも難しいけれど、繊維が短いだけで、要領は一緒なので、すぐに紡げるようになりました。

冬のあいだに帽子などを編み手仕事を楽しむ

糸になった木綿を、片山さんのようになんとか服にしてみたい。その思いはずっとありますが、片山さんでも2年はかかるそうです。なかなか実現しません。

とりあえずは小物からと思い、でこぼこの糸を藍で染め、寄せ集めて帽子にしてみました。

ちょっと慣れて、きれいに紡げた糸で、模様編みの生成りの帽子をつくりました。

あるとき、裂き織りをやっている方が、うちに泊りに来てくださり、裂き織りを教えてくださった上に、なんと織り機をプレゼントしてくださいました。

色あせたお気に入りのフェアトレードの服を裂いては織って、テーブルセンターなどをつくっていました。その卓上織り機で、自分で紡ぎ、藍染めした色を使い、タペストリーをまずつくってみました。

洋服にする布までは、なかなか織り上がらないけど、買った手織りの布やハギレを手縫いで服に仕立てることも始めました。ミシンを使わないと静かで穏やかな時が流れます。

なにかをつくっているときは、いつもしあわせ。どんなデザインにするかは、手を動かしているうちにインスピレーションが湧いてくるので、あまり「こうしよう」ととらわれず、どんどん手を動かします。

なにかをつくっているときは、いやなことがあっても忘れてしまうし、集中してものをつくっているときは、瞑想、ヨーガをしているときと同じで、幸福感に

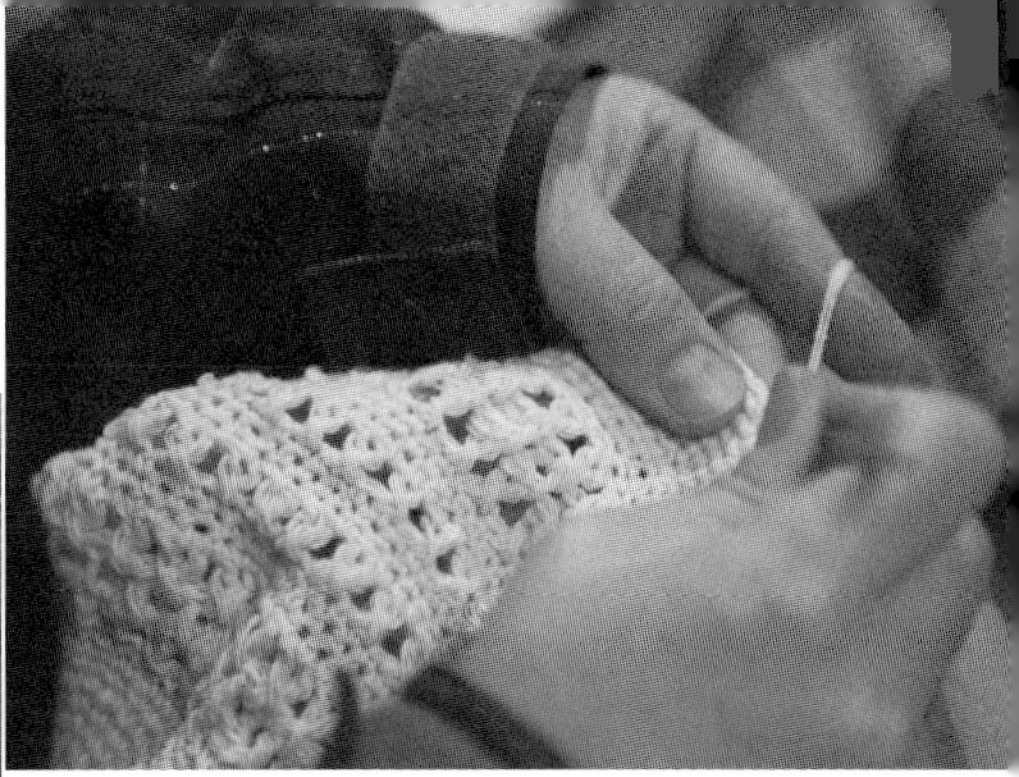

糸を２本取りにして、かぎ針で編んでいく

コースターも手づくり

すてきな帽子のできあがり

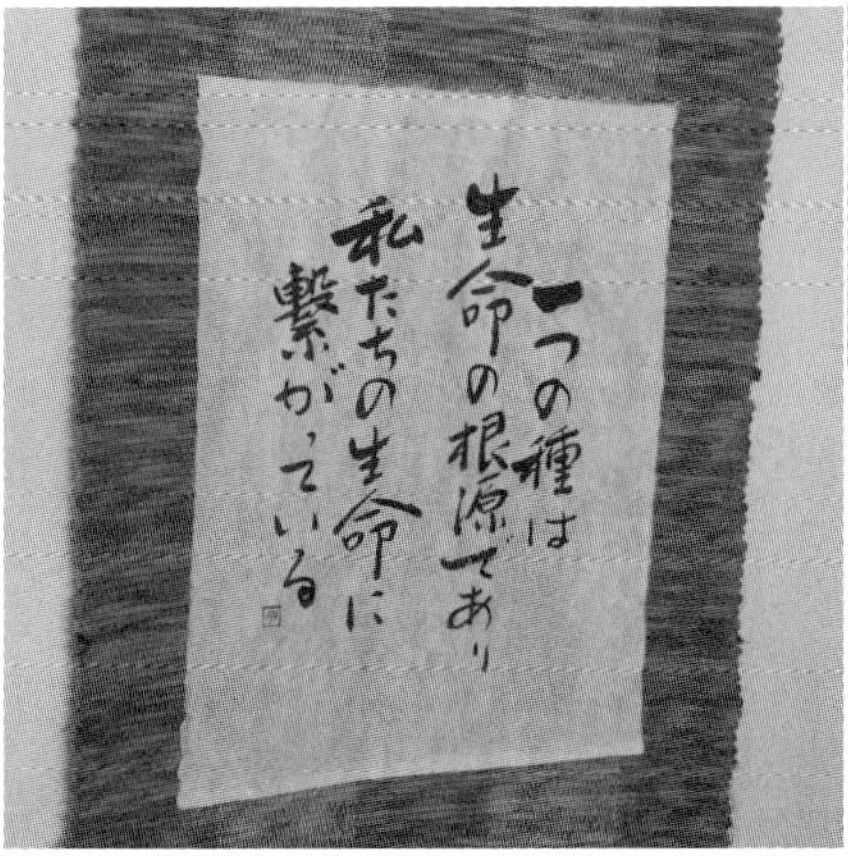

織った布に、書を飾る

満たされます。

また、完成したときは、心が弾み、喜びに満たされ、それを身につけることで、またうれしい気持ちとずっとともにあることができます。

そしてその材料が、古いふとん綿だったり、畑の藍だったり、お金を使わず、他者や自然に迷惑かけずにできているということも喜びにつながります。

冬の間はゲストも来ないし、庭・畑仕事もできないので、手仕事の時間がたっぷりあります。一人静かにものづくりを楽しむときです。

この喜びをみんなで分かち合うために、ワークショップを開きます。みんなで手を動かして、話をしている時間は、穏やかで平和な時が流れていきます。

WINTER

手づくりの正月飾りと鏡餅

年の暮れ。正月飾りも鏡餅も大勢で身近なものを生かしてつくります。

自分で育てた稲藁でつくる正月飾り

年の瀬も押し迫り、暮れが近づくと、お正月の準備にとりかかります。正月飾りは、地元の伝統的な藁細工で、おちょこのような形の「やす」と平たい形の「しゃもじ」をつくります。

　地域の子ども会でも、お年寄りたちとつくりますが、シャンティクティでは、「田んぼの会」の最終回で、藁の利用法を学ぶために、参加者みんなでつくります。

　講師は、有機無農薬のお米づくりを教えていただいている矢口一成さんです。藁は、自分たちが育てた稲から調達。余計な草を取り除いて、水に漬けた藁を円錐型に編んでいきます。年に一度のことなので、つくり方を毎年忘れてしまい、一から教わらなければなりませんが、矢口さんはすいすいとつくっていきます。そして「藁ない」も教えてもらい、「やす」「しゃもじ」という丸い形のお飾りもつくります。

「藁ない」は、最初はなかなか二つに分けて編むのが難しいですが、要領がわかるとおもしろく、輪にして正月用リースの台にも使います。

　そうしてできた「やす」と「しゃもじ」を合わせ、松や〆飾りをつけ、ミカンをのせたらできあがり。玄関の左右に飾り、年神様を迎えます。

　リースは、南天や水引などと一緒に飾り、玄関にかけておきます。オーガニックガーデン講座の参加者に「お正月用に」と、植えてもらった南天が、大活躍。オーガニックガーデン講師の曳地《ひきち》義治《よしはる》さん、トシさんは本業は植木屋ですが、無農薬での庭づくりを広めるために本を書いたり、講演をしたり……。虫や植物のことにとっても詳しい大先輩。埼玉で寮生活を送っている息子に会いに行くとき、いつも泊めていただいている、大切な友人でもあります。

　そんな曳地夫妻や矢口さん、松をとりに走ってくれ

みんなで育てた稲の藁で縄を編む

昔ながらの正月飾り。「やす」をつくって……

パーツをそれぞれまとめる。
地元に伝わる正月飾り

「しゃもじ」と合体すれば、できあがり

オーガニックガーデンの仲間が植えてくれた南天も
水引をつけて飾りつけ、年越しの準備

た健二さんを思いながら、玄関の正月飾りを終えたら、次は鏡餅を飾ります。

もち米を持ち寄って7家族でお餅搗き

鏡餅は、友人宅で、みんなでもち米を持ち寄って、杵と臼で搗いたものです。7家族分、順々に、みんなで手分けして搗いていきます。

餅搗きの準備を、自分たちだけで用意するのは大変ですが、こうしてみんなでやるのはとても楽しく、ありがたいことだなあと思います。

手づくりのお漬物がおかず、餅につけるものを持ち寄り、みんなでおいしく食べながら搗いていきます。

もち米も、自分たちで植えた田んぼは、あまりよく実らなかったけど、田んぼの先生の矢口さんがくださったし、搗き手は泊まりにきていた息子の友だちがやってくれたし、本当にまわりの人たちに支えられてお正月を迎えられることを、ありがたく思います。

年賀状は、書の先生がお手本を書いてくれた、干支の「羊」の文字です。

安曇野では、作家さんたちがアトリエやお店などで

鏡餅に、干支の「羊」の文字を飾りつける

もち米も労力も持ち寄って、みんなで搗きました

作品を展示して、マップを見ながら工房めぐりをする「安曇野スタイル」というイベントがあり、そこで出会った書に一目惚れ。それから先生のもとへ毎週行かせていただいています。

自分の好きな言葉を書で表現。へたくそなりにも、先生のサポートのおかげで、なんとか作品に仕上げることができ、感謝です。

その干支の文字と、雪をかき分け探してきたシダの緑も、紅白の紙と水引、ミカンをお餅に飾り、鏡餅の飾りつけも終了。

あとは、煮〆、黒豆、栗きんとん、なますなど、畑の野菜で「ベジおせち」をつくり、年越しです。

いつも座禅に行く近くのお寺・成就院で、除夜の鐘を突き、元旦は、大峰高原の初日の出を拝むのが、私たちの理想のお正月です。

しかし、子どもたちは、「テレビのない正月なんてありえない」と、祖父母のところへ行ってしまうので、私たちも実家に移動。たいがい31日か元日の、人々が動かない日を狙って大移動。2015年は家族そろってお正月を迎えたのです。

WINTER

足もとの資源を生かす籾殻ボイラー

燃料費無料の籾殻ボイラー。
資源リサイクル型のエコ装置です。

籾殻ボイラーで床暖房と給湯

２０１１年、当時まだ日本に数十台しかなかった「籾殻ボイラー」を購入しました。稲作のさかんな日本で、籾殻は最も生かされていない資源の一つ。これをシャンティクティの給湯や暖房に活用したいと考えたのです。

20年前に「籾殻のボイラーができないだろうか」と、メーカーに問い合わせたことがありました。当時は籾乾燥をするための大型籾ボイラーがあり、農協で使われていたのです。「家庭用に小型化してほしい」と、製造元の担当者に相談したこともありますが、一般家庭用には難色を示されました。そこで自分でも灯油の風呂炊きバーナーを改良してつくってみたのですが、実用には至りませんでした。あれから20年。やっと家庭用の籾殻ボイラーが利用できるようになりました。現在、給湯と床暖房に利用しています。

「籾殻ボイラー」は、福島県須賀川《すかがわ》市の日本ホープ㈱という会社の製品で、現地まで取りに行ってきました。ピークオイル（石油生産が頂点を迎え、その後は減るという考え方）を過ぎ、石油の値段が高騰、不足する時期を迎えていました。

地域の燃料を使いたい。産業廃棄物と呼ばれるものを役立てたいと思ったのです。

籾殻が自動的に送り込まれる
仕組みになっている

こちらが籾殻ボイラー

籾殻はコイン精米所から搬送する

木工用集塵機で荷台からタンクへ移す

お湯を沸かして、給湯や床暖房に活用する

燃料の籾殻は、安曇野では容易に手に入る産業廃棄物

籾殻が自動的に燃焼装置に送り込まれて、60℃のお湯を沸かします。風呂やシャワー、キッチンなどでお湯を利用できるほか、導入をきっかけに床暖房や室内の暖房機にも使えるように整えました。

燃焼後、籾殻は真っ黒な燻炭となって燃焼網から落ち、バネパイプで自動排出されます。これは土壌改良剤として畑で活用していますし、農家の方に無料でお譲りして喜ばれています。籾殻だと産業廃棄物ですが、燻炭になると有効利用できます。

燃料用の籾殻は、コイン精米所からいただいてくるので燃料費は無料で、籾殻を処理しなくていいので逆に喜ばれています。ところで暖房をしない夏場だと3日に一度、冬場だと毎日一日に軽トラック1台分の籾殻が必要です。

消費するだけの地下資源 循環する地上資源

石油やウランというのは、何万年も時間をかけて蓄積された分、凝縮されているので、エネルギー効率がいいのです。私たちはどうしてもそうした資源に頼りたくなる。一方、薪や籾殻は効率が悪くかさばります。田舎なら置き場所も確保できますが、都会では無理です。籾殻を圧縮して固めた「モミライト」もありますが、加工せずに使うほうが無駄がありません。

また、このボイラー、ときどき機嫌を損ねます。煙突に抜ける部分に、籾殻に含まれるエナメル分が固まって、煙道を塞いで排煙できなくなってしまい、籾殻を供給する部分から、煙が出たり、火を吹くこともあります。暖房が止まって、朝の5時から修理してやっと使えるようになったこともありました。ときどきメンテナンスも必要です。石油やウランのような地下資源は、とても効率がいいですが、CO_2（二酸化炭素）を排出して、温暖化につながります。

一方、木や籾殻のようなバイオマス（生物由来）資源は、同じくCO_2を出しますが、生長過程でCO_2を吸収するのでカーボンニュートラル（炭素中立化）といって地球温暖化にはなりません。そこが大きな違いです。

その循環サイクルが、最も短いのが太陽エネルギー、それを蓄積したのが1年生の草や籾、そしてさらに50年蓄積したのが木＝薪なわけです。そして何万年もかけて地下資源が生まれます。消費してしまえば再生に何万年とかかります。

最近は、ペレットストーブを買うと、補助金が出る自治体も増えていて、私の住んでいる池田町でもペレットストーブに10万円の補助が出ます。木質燃料を活用する暮らしや生き方が地方の活性化につながるという認識が生まれてきています。

今の日本は、国家予算の半分ぐらいを、中東の産油国に支払っているわけですが、そういう予算をもっと地上資源の活用に向けていけばいい。そしてそれを地方の雇用につなげていけば、みんな田舎で暮らせるようになる。現に北欧では、バイオマスの木質燃料を使った暖房がものすごく増えているのです。

地域の資源を生かすこと、森の木々は、永続的に循環可能な地上資源。ちょっと考え方をシフトするだけで、日本は資源国にも、エネルギー大国にもなれるのです。

◆日本ホープ㈱
http://www.n-hope.co.jp

排出された燻炭は、土壌改良剤として活用

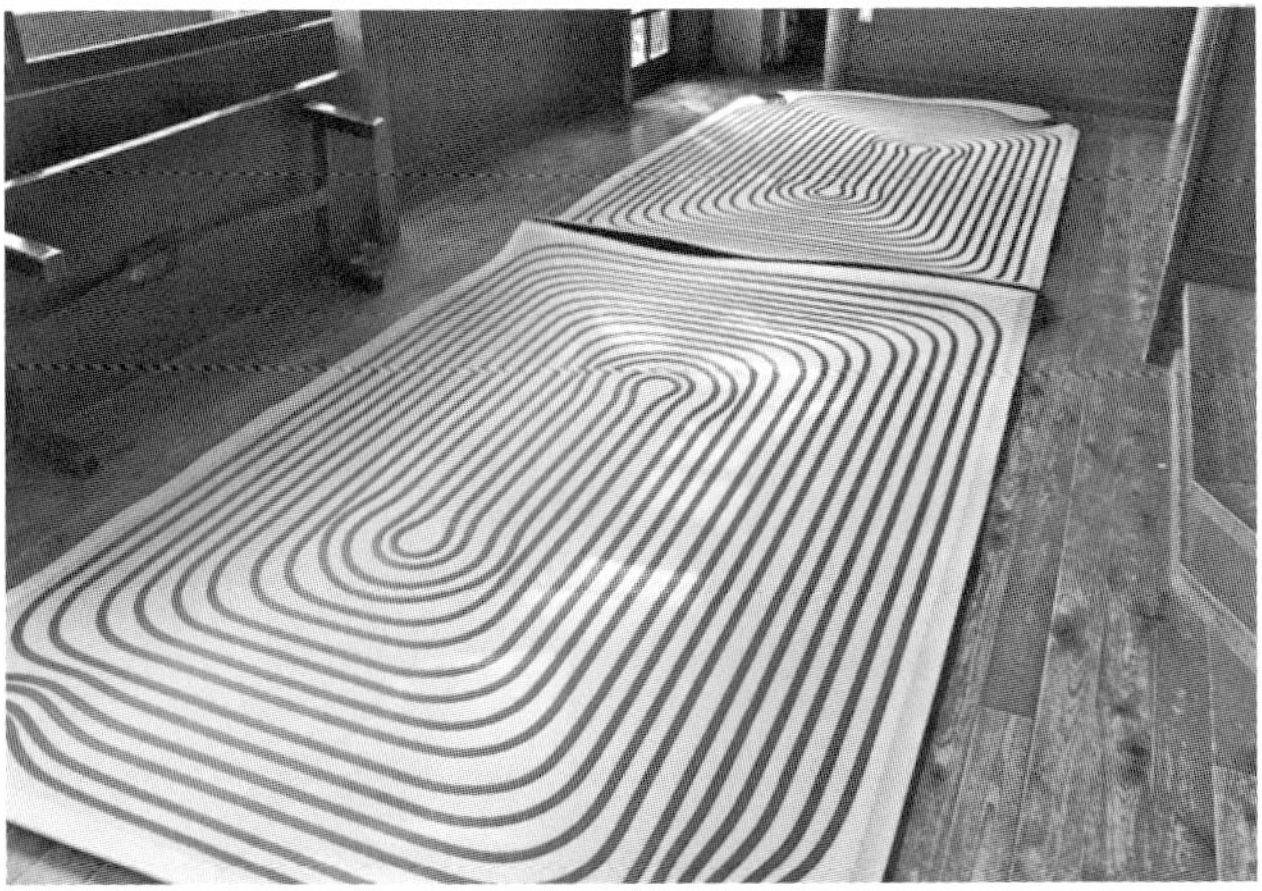
暖房用のソフトパネルで床暖房

WINTER

自然治癒力を高めるセルフケア

シャンティクティの朝はヨーガから始まります。体を整え、本来持っている潜在能力を引き出します。

いのちの取り扱い方を明かすヨーガ

シャンティクティの朝は、いつもヨーガから始まります。

もともとインドの宇宙観、死生観のようなものに興味があったのですが、ヨーガを学び、インドにも行く中で、マクロビオティックやアーユルヴェーダにも出会いました。自分に与えられた心や体は、自分で責任を持つということが、だんだんわかってきました。

マクロビオティックもヨーガもアーユルヴェーダも、単なる食事法や体操ではなく、私たちのこの世界や体や心の仕組みを解き明かすものであり、いのちの取り扱い方を語ってくれるものなのです。

まず、体をつくるもととなるものが食べ物であるなら、生命力あふれる食べ物を体に取り入れること、私たちの体や世界の構成要素である地水火風空のエネルギーを、バランスよく取り入れることが基礎となります。

そして体は心と深く結びついているものなので、心のあり方をよくすること、そのつなぎ役として呼吸を整えることが大切にされます。そして最終的には私たちがなんのために生きているのかを、知ることです。

日本でヨーガと思われているものは、いろいろなポーズをする体操のようなイメージが強いのですが、本来はおおいなるものとの結びつきを意味しています。

最初は私も、体のためにヨーガを始めたのですが、インド哲学に触れ、最終的にはこの世界は愛でできているという考えに至りました。これを知ることが最も価値あることであったように思います。

日本生まれのセルフケア法も

そうはいっても、私たちは実際、心や体とつきあわ

気持ちのいい朝は、ベランダでのヨーガからスタート

呼吸を整え、心を静める

なければなりません。アーサナ（ポーズ）や、瞑想は、体の流れをよくし、呼吸を整え、心を静めるのにとても役立ちます。

　ただ、体を整えるだけなら、野口整体の「活元運動」という、自分の動きたいように動かすことで、もともと持っている自分の体の力を呼び起こす方法や、「操体法」という自分の気持ちよい方向に呼吸を合わせながら体を動かすというやり方のほうが、効き目は早いと思います。自分の体が本来もっている潜在能力を引き出すことで、治療に向かう道です。

　最近は「みくさのみたから（三種之身宝）」という日本の伝統の知恵にも出会い、人が本来性を取り戻す

背伸びをして呼吸を整える

目を閉じて、精神を統一

いろいろなポーズは体の流れをよくする

時には、外でヨーガタイム。自然と一体感を感じて

というシンプルなものが体を整えるのだということがはっきりわかりました。

自分の体を把握し判断力を養う

病院に行けば、検査で悪いところを見つけてくれて、薬を飲めば、症状を抑えてはくれますが、実際に体を治すのは、自然治癒力であることを知っていれば、無駄なお金もかからず、無駄な心配もありません。

自分や家族の体は、マクロビオティックやアーユルヴェーダの教える食事法、薬草、ホメオパシー（自己治癒力を高める自然療法）、断食など、口に入れるものに気をつけることとし、気の流れをよくするためには、ヨーガのアーサナ、呼吸法、野口整体の「愉気《ゆき》」という気を流す方法や、楽健法でのリンパマッサージ、熱を入れて免疫力、代謝をよくするということでは、イトウテルミーや三井式温熱療法、足湯や腰湯……いろいろなことを試してきました。

もちろん、対症療法の必要なときには、病院にも行きますが、自分の体をよく見つめ、まずは問題を自分で把握し、判断力を養うことが大切だと思います。

お葬式も結婚式も手づくりの形で

死もまた自然なものとして受け入れられ、自宅で死ねたら幸せだろうなと思います。

自分が逝くときは、やっぱり自宅でそっと逝きたいと思います。

死んだ後のセレモニーも、今は葬儀屋さんに任せることがほとんどですが、私たちの師であったヨーガの先生、ホメオパシーの先生の葬儀は、仲間たちの手でとり行ないました。また友人の子ども、夫、親などいくつかのいのちも、仲間の手で送りました。

写真、火葬場や棺桶の手配をし、お経は仲間の僧侶が、お花は庭の花や花屋さんで買ってきて、白いシーツをかけて自分たちで飾り、自分たちの言葉でお別れの言葉を伝えます。なおらいの食事もみんなでキッチンを借りて、自分たちでつくったり、持ち寄ったりします。手づくりの葬儀は、お金もかからず、あたたかで心のこもったものになります。

結婚式もまた、自分たちで用意します。フラワーアレンジや、花嫁の花束やヘアアレンジも、それぞれできる人に頼み、野の花をフラワーシャワーやブーケ、会場の飾りつけに。友人に頼んで、みんなで手伝いながらわいわいと、司会も進行も音楽も、自分たちで計画。こんなに楽しいまつりごとを、自らやらない手はありません。

エコで手づくりを楽しむシャンティクティの精神は、こんなところにも生きています。

仲間の手で葬儀をとり行なう

手づくりの結婚式

◆コラム

出産、結婚、葬儀も自らの手で

人のいのちにかかわる大切なセレモニー。
自らの手で行なうことができるのです。

二人の子どもを自宅で出産

この頃は、すべて病院と業者の手に渡ってしまった結婚式、出産、葬儀。どれも本来、自ら生み出せるものです。

私たちの結婚式はさておき、出産は３人の子どものうち、上の二人は自宅で主人がとりあげました。

当時は助産院もなく、知り合いの助産師さんに来ていただくようにお願いしてあったのですが、間に合わず産まれてきてしまったというわけです。

もちろん自宅出産には、もしもなにかあったら死んでもいいというだけの覚悟はいります。すべては神の采配であるという深い信頼がなくては、できなかったかもしれません。

自分の体調は自分で守るという努力ができたからこそなしえたことだとも思っていますが、ほんのちょっと前までは当たり前に家で生まれていたし、世界を見ると、病院出産のほうが少ないかもしれません。

出産は病気でもないし、動物がそうであるように本能的に産む力はそなわっているはずです。その力を信頼することです。

実際、一人目の子どものときは、あまりにも早くお産が進みすぎて、なにが起こるのか、ただ見ているだけで産まれ出てきてしまったという感じでした。産まれ出てきた赤ちゃんを胸に抱き、しあわせなときを味わえたのは、自宅出産ならではの体験でした。二人目は、なにが起こるのか予想がつくので、安心の中で体のおもむくままに、声を出し、動きながらの出産。

３人目は、予定日がゴールデンウィークの忙しい時期だったのと、近くにできた助産院の出産も味わってみたく、助産院での出産となりましたが、１時間を切るスピード出産のため、出先から車で向かう途中に進行し、助産院について15分で、あっけなく産まれてしまいました。

最近は、助産院や自宅での出産を選ぶ人も増えてきました。母子の体やまわりの理解など、さまざまな状況があると思いますが、病院でなければ安全でないという思い込みを手放すと、見えてくる世界もあります。

シャンティクティのワークショップ案内

シャンティクティでは年間を通じ、さまざまなワークショップを開催します。つぎに主なものを紹介しましょう

■自然から学ぶ～心地よい暮らし

ヨーガ、アーユルヴェーダ、自然農、パーマカルチャーなどを中心に、こころと身体のケア、マクロビオティック、ガンジーの糸紡ぎなどの実践を通して、「持続可能」「地球一つで生きる」平和でここちよい暮らしを体感します。

・4～11月までの1泊2日、または2泊3日の、全7回。

■安曇野パーマカルチャー塾（舎爐夢ヒュッテにて開催）

建築実習を軸とした、パーマカルチャー講座。これまで、アースオーブン、ホビットハウス、種ハウスの建物、モバイルハウスなどを、半年かけてつくってきました。2015年の建築実習は、軽トラックにのるタイニーハウス＝軽トラキャンパーをつくります。

・3～11月までの1泊2日、全9回

かまどご飯が炊き上がる

■自然農野菜づくりとかまどの会

無農薬・無肥料で耕さない＝自然農で、虫や草とともに協力しながら野菜をつくります。かまどの火でみんな一緒に野外調理を楽しみます。

子どもからおとなまでともに働き遊びながら、野菜づくり、自然の営み、食の大切さを学びます。

・5～11月までの5回（土曜日）

■田んぼの会

昔ながらのやり方でお米をつくることで。食の大切さ、土に根ざした生き方の大切さ、自然の中での豊かな体験を伝えていきたいと思います。

・年4回（昼食持参）

■たねカフェ

種の交換会と種にまつわる勉強会や上映会など。

・不定期で年5回ほど

■オーガニックガーデン講座

自然環境に配慮した庭づくりを行なっている曳地義治・トシ夫妻から、オーガニックな庭づくりの方法として、生態系を基本とした庭の動植物とのつきあい方を学びます。

・計画中

農場施設などを案内

庭先のヒメリンゴが結実

Perma Culture

あとがき

シャンティクティとはサンスクリットで平和という意味です。平和な心でいるためにできるだけ他者に迷惑をかけず、満ち足りた暮らしを求めて歩んできた道がパーマカルチャーと一致し、こうして本になりました。もっと自然と調和して持続可能な暮らしをしている人はインド、ネパール、バングラデシュを旅した中で出会ってきたけれど、私たちはこうして持続可能な暮らしを伝える役割を与えられたのだと思っています。

ゲストハウス＝宿という場のおかげで、多くの人が訪れては、たくさんの知恵を私たちに授けてくださり、多くのつながりをもたらしてくれました。冬は長期休みがとれるゆえ、旅にも出ることができ、そこで出会った人から改めて自分たちの暮らしを見直す機会もたくさんいただきました。

この本を読んでくれた方が、なんだか楽しそうな暮らしだな、なにか一つ真似てみようかなと思ってくだされば、こんなにうれしいことはありません。私たちはこんな暮らし方があるよと伝えていきますが、実際やりきれてないこともたくさんあります。しかし、小さなワクワクがまた誰かに伝わっていけばきっと社会が変わっていくことにつながると信じます。

シャンティクティのワークショップをいつも支えてくれるのは、アジア家庭料理研究家のミヤモトタミコさん、自然農講師で竹職人の小田詩世《うたよ》さん。この二人の力は大きな支えです。そして安曇野パーマカルチャー塾をはじめ、講師としてきてくださった多くの方々、ワークショップの参加者の方々から、多くの学びと愛と勇気をいただきました。ともに歩んできた夫、両親、子どもたち、さらに編集関係の方々にも助けられました。必要な出会いと場をいつも与え、見守り、力を与えてくれた大いなる神様に感謝です。みなさま、ありがとうございました。

２０１５年　早涼　　臼井　朋子

•ＭＥＭＯ•

■ゲストハウス シャンティクティ

〒399-8602 長野県北安曇郡池田町会染552-1
TEL & FAX：0261-62-0638
http://www.ultraman.gr.jp//shantikuthi/
E-mail: shanthi@dhk.janis.or.jp

■舎爐夢（しゃろむ）ヒュッテ

〒399-8301 長野県安曇野市穂高有明7958-4
TEL & FAX：0263-83-3838
http://www.ultraman.gr.jp/shalom/
E-mail: shalomhutte@ultraman.gr.jp

畑でとれたライ小麦の穂を乾燥

●

装丁――塩原陽子
デザイン――寺田有恒　ビレッジ・ハウス
撮影――三宅 岳　臼井健二　ほか
校正――吉田 仁

●臼井健二（うすい　けんじ）

1949年、長野県生まれ。大学卒業後、1年間の商社勤めを経て、長野県穂高町（現・安曇野市）経営の山小屋の管理人として5年間過ごす。1979年、安曇野市に自然共生型の宿である舎爐夢（しゃろむ）ヒュッテを設置。2005年、北安曇郡池田町にゲストハウスシャンティクティを完成。ここを拠点にパーマカルチャーの考え方を基本に据え、持続可能なライフスタイルである農的暮らしを提案、追究している

●臼井朋子（うすい　ともこ）

1965年、大阪府生まれ。夫の健二とともに3人の子どもを育てながら、舎爐夢ヒュッテ、シャンティクティを運営。仲間とともにヨーガ、禅、シュタイナー教育、農業体験、自然体験、菜食料理などのワークショップを開催。心身のケアをはかり、愛と平和あふれる世界を追究。安曇野たねバンクプロジェクト代表、森へ集まれ！ちびっ子会代表などを務める

〈執筆協力〉

三好かやの　1965年、宮城県生まれ。食と農の世界を中心に、全国各地の生産現場を精力的に訪ね歩く。元気印の自称かあちゃんライター

パーマカルチャー事始《ことはじ》め

2015年 8月20日　第1刷発行
2025年 5月9日　第4刷発行

著　　者――臼井健二《うすいけんじ》　臼井朋子《うすいともこ》

発 行 者――相場博也

発 行 所――株式会社 創森社
〒162-0805 東京都新宿区矢来町96-4
TEL 03-5228-2270　FAX 03-5228-2410
https://www.soshinsha-pub.com
振替00160-7-770406

組　　版――有限会社 天龍社

印刷製本――中央精版印刷株式会社

 ISBN978-4-88340-299-1 C0061